“十二五”普通高等教育本科
国家级规划教材配套参考书

物理学

（第七版）

思考题分析与解答

周雨青　主编

高等教育出版社·北京

内容提要

本书是马文蔚等改编的《物理学》(第七版)的配套参考书,其中包括全部问题解答、知识点概要和解题感悟。全书以简洁的语言、普通物理的形式阐明物理问题,对使用《物理学》(第七版)和其他大学物理教材的读者有辅助作用。本书章节顺序与主教材一致,每章分概念及规律、思考及解答、解题感悟三个部分。全书紧扣主教材,联系教学实际,注重实用性。

本书适用于物理教学讨论课,亦可供社会读者了解物理知识。

图书在版编目(CIP)数据

物理学(第七版)思考题分析与解答/周雨青主编
. --北京:高等教育出版社,2021.4(2022.11重印)
ISBN 978-7-04-055905-7

Ⅰ.①物… Ⅱ.①周… Ⅲ.①物理学-高等学校-教学参考资料 Ⅳ.①O4

中国版本图书馆 CIP 数据核字(2021)第 048395 号

WULIXUE (DI-QI BAN) SIKAOTI FENXI YU JIEDA

策划编辑 张海雁　责任编辑 缪可可　封面设计 王凌波　版式设计 王艳红
插图绘制 黄云燕　责任校对 张　薇　责任印制 朱　琦

出版发行 高等教育出版社
社　　址 北京市西城区德外大街4号
邮政编码 100120
印　　刷 北京市联华印刷厂
开　　本 787mm×960mm 1/16
印　　张 11
字　　数 200千字
购书热线 010-58581118
咨询电话 400-810-0598
网　　址 http://www.hep.edu.cn
　　　　 http://www.hep.com.cn
网上订购 http://www.hepmall.com.cn
　　　　 http://www.hepmall.com
　　　　 http://www.hepmall.cn
版　　次 2021年4月第1版
印　　次 2022年11月第2次印刷
定　　价 21.00元

物 料 号 55905-00

前　言

《物理学》(第七版)(马文蔚等改编,高等教育出版社,2020年)中的思考题,环环紧扣主教材内容,对理解概念、深化内容、拓展思路有很好的作用。其中一些内容,在教学实践中作为讨论和习题课的选题是很合适的。本书对主教材中所有思考题给出比较详细的解答,可为使用该书的教师和学生提供参考。

相较于《物理学》(第六版),《物理学》(第七版)核心内容未变,其中的思考题变动不大,因此本次修订仍保留原思考题解答的结构不变,依然分为三个部分:概念及规律、思考及解答、解题感悟。

我们完善了概念及规律,优化了思考及解答,根据新版主教材,对解题感悟做了更新。

我们希望使用本书的教师,不拘泥于本书的参考解答,而是针对学生的情况解答疑惑;希望使用本书的学生,先做充分的思考,再参阅本书解答。

本书保留了张玉萍(第一、第二、第三章)、张勇(第四、第五章)、董科(第六、第七章)、刘甦(第八、第九章)、殷实(第十二、第十三章)、周雨青(第十、第十一、第十四、第十五章)编写的"概念及规律",其余部分皆由周雨青修订。

我们仍然要感谢早期为此书做出过许多工作的彭毅、谷云曦、林桂粉、蒋红燕、堵国安、朱明老师,因为有他们的工作,现在的修订和完善工作才有坚实的基础。同时,要感谢马文蔚教授的信任,是他的信任激励着我们做好这项工作。最后,要感谢高等教育出版社给予的出版指导。

周雨青

2020年8月于翠屏东南

目　　录

第一章

质点运动学

一、概念及规律

1. 参考系　坐标系　质点

（1）**参考系**　为了确定物体的位置和描述其运动而选作标准的另一物体或一组相对静止的物体系称为参考系.

（2）**坐标系**　为了定量地描述物体的运动,必须在参考系中建立一个坐标系.坐标系有直角坐标系(即笛卡儿坐标系)、极坐标系、球坐标系、柱坐标系和自然坐标系等.

（3）**质点**　在一定条件下,可用物体上任一点的运动代表整个物体的运动,即可把整个物体当作一个有质量的点,这样的点称为质点.质点是描述物体的一种最简单的理想模型.

2. 位置矢量　位移　速度　加速度

（1）**位置矢量**　从坐标原点指向质点所在位置的矢量,称为位置矢量,简称位矢,用 $\boldsymbol{r}$ 表示.位矢随时间变化的关系式称为运动方程,即

$$\boldsymbol{r}=\boldsymbol{r}(t)$$

（2）**位移**　在 Δt 时间间隔内位矢的增量,称为位移,用 $\Delta\boldsymbol{r}$ 表示,则

$$\Delta\boldsymbol{r}=\boldsymbol{r}(t+\Delta t)-\boldsymbol{r}(t)$$

（3）**速度**　在 Δt 时间间隔内的位移为 $\Delta\boldsymbol{r}$,那么在此时间间隔内质点的平均速度为

$$\overline{\boldsymbol{v}}=\frac{\Delta\boldsymbol{r}}{\Delta t}$$

$\Delta t\to 0$ 时,平均速度的极限值,称为瞬时速度,简称速度,用 $\boldsymbol{v}$ 表示,即

$$\boldsymbol{v}=\lim_{\Delta t\to 0}\overline{\boldsymbol{v}}=\lim_{\Delta t\to 0}\frac{\Delta\boldsymbol{r}}{\Delta t}=\frac{\mathrm{d}\boldsymbol{r}}{\mathrm{d}t}$$

速度是矢量,它的方向沿着运动轨道上质点所在处的切线方向,并指向质点

前进的一侧,它的大小称为速率,用 v 表示.

(4) **平均加速度** 设在 Δt 时间间隔内的速度增量为 $\Delta\boldsymbol{v}$,那么质点在 Δt 时间内的平均加速度为

$$\overline{\boldsymbol{a}}=\frac{\Delta\boldsymbol{v}}{\Delta t}$$

当 $\Delta t\to0$ 时,平均加速度的极限值,称为瞬时加速度(简称加速度),用 $\boldsymbol{a}$ 表示,即

$$\boldsymbol{a}=\lim_{\Delta t\to0}\overline{\boldsymbol{a}}=\lim_{\Delta t\to0}\frac{\Delta\boldsymbol{v}}{\Delta t}=\frac{\mathrm{d}\boldsymbol{v}}{\mathrm{d}t}=\frac{\mathrm{d}^2\boldsymbol{r}}{\mathrm{d}t^2}$$

加速度是矢量,它既反映了速度大小的变化,又反映了速度方向的变化.其方向就是当 $\Delta t\to0$ 时速度增量 $\Delta\boldsymbol{v}$ 的极限方向,而不是速度方向.曲线运动中,加速度方向总指向质点运动轨迹的凹侧.

3. 角量和线量的关系

(1) **角坐标** 在极坐标系下,某一时刻质点的位移与 Ox 轴之间的夹角称为角坐标,用 θ 表示.

(2) **角位移** 在 Δt 时间间隔内质点角坐标的变化,称为角位移,用 $\Delta\theta$ 表示.

(3) **角速度** 角坐标随时间的变化率称为角速度,用 ω 表示,即

$$\omega=\lim_{\Delta t\to0}\frac{\Delta\theta}{\Delta t}=\frac{\mathrm{d}\theta}{\mathrm{d}t}$$

(4) **角加速度** 当角速度随时间变化时,角加速度定义为

$$\alpha=\frac{\mathrm{d}\omega}{\mathrm{d}t}=\frac{\mathrm{d}^2\theta}{\mathrm{d}t^2}$$

(5) **角量和线量的关系** 当质点作半径为 r 的圆周运动时,有

$$s=r\Delta\theta$$

$$v=r\omega$$

$$a_{\mathrm{t}}=r\alpha$$

$$a_{\mathrm{n}}=r\omega^2$$

4. 运动方程

在直角坐标系中,质点的运动方程可表示为

$$\boldsymbol{r}(t)=x(t)\boldsymbol{i}+y(t)\boldsymbol{j}+z(t)\boldsymbol{k}$$

平面极坐标系中,在任意时刻 t,运动方程为

$$\boldsymbol{r}=r(t)\boldsymbol{e}_r(t)$$

式中,$\boldsymbol{e}_r$ 是径向的单位矢量,且 $\boldsymbol{e}_r$ 随时间变化.

5. 运动的叠加原理

运动方程

$$\boldsymbol{r}(t)=x(t)\boldsymbol{i}+y(t)\boldsymbol{j}+z(t)\boldsymbol{k}$$

反映了质点运动是各分运动的矢量合成,即运动具有叠加性,例如平抛运动可以看作水平方向匀速直线运动和竖直方向匀加速直线运动的叠加.

另外,从式

$$\boldsymbol{r}(t)=x(t)\boldsymbol{i}+y(t)\boldsymbol{j}+z(t)\boldsymbol{k}$$

中消去参量 t 还可得到质点运动的轨迹方程.

6. 相对运动

如图 1-1 所示,设有分别代表两个参考系的坐标系 S 系(即 $Oxyz$ 坐标系)和 S′系(即 $O'x'y'z'$ 坐标系),S 系与 S′系初始时($t=0$ 时)重合,S′系相对 S 系沿 x 轴方向以速度 $\boldsymbol{u}$ 运动,一个质点在两个参考系中的速度变换式为

$$\boldsymbol{v}=\boldsymbol{v}'+\boldsymbol{u}$$

式中,$\boldsymbol{v}$ 是质点相对 S 系的速度,也称绝对速度,$\boldsymbol{v}'$是质点相对 S′系的速度,也称相对速度,$\boldsymbol{u}$ 是 S′系相对 S 系的速度,也称牵连速度.这就是伽利略速度变换式,速度具有相对性.

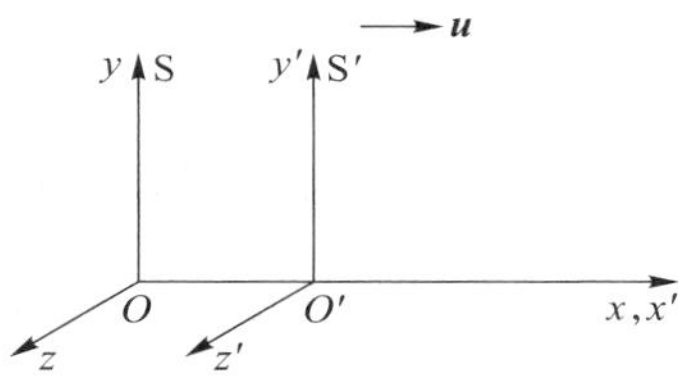

图 1-1　相对运动

二、思考及解答

1-1　在一艘内河轮船中,两个旅客有这样的对话:

甲:我静静地坐在这里好半天了,我一点也没有运动.

乙:不对,你看看窗外,河岸上的物体都飞快地向后掠去,船在飞快前进,你也在很快地运动.

试把他们讲话的含义阐述得确切一些.究竟旅客甲是运动,还是静止?你如何理解运动和静止这两个概念.

答:(1)确切的阐述.

如果以轮船为参考系,则甲、乙旅客都是静止的,而河岸上的物体都在运动;如果以河岸为参考系,则轮船及甲、乙旅客都是运动的.

(2)运动与静止的概念.

运动是绝对的,而静止是相对的.描述物体的运动情况时,首先要选定参考系,选取的参考系不同,对物体运动的描述也就不同.

1-2　有人说:"分子很小,可将其当作质点;地球很大,不能当作质点."你说对吗?

答:这样的说法不对."质点"是经过科学抽象而形成的物理模型.物体能否当作质点是有条件的,相对的.当研究某物体的运动,可以忽略其大小和形状,或者只考虑其平动,那么就可把物体当作质点.例如,分子虽小,但研究分子内部结构时,分子就不能当作质点,当研究气体分子碰撞时,分子又能当作质点;地球虽大,当研究地球绕太阳的公转时,地球就可当作质点,但研究地球自转现象时,地球就不能当作质点.

1-3　已知质点的运动方程为 $\boldsymbol{r}=x(t)\boldsymbol{i}+y(t)\boldsymbol{j}$,有人说其速度和加速度分别为

$$v=\frac{\mathrm{d}r}{\mathrm{d}t},\quad a=\frac{\mathrm{d}^2r}{\mathrm{d}t^2}$$

其中 $r=\sqrt{x^2+y^2}$.你说对吗?

答:题中说法不对.根据速度、加速度的定义 $\boldsymbol{v}=\frac{\mathrm{d}\boldsymbol{r}}{\mathrm{d}t}=\frac{\mathrm{d}x}{\mathrm{d}t}\boldsymbol{i}+\frac{\mathrm{d}y}{\mathrm{d}t}\boldsymbol{j}$,$\boldsymbol{a}=\frac{\mathrm{d}^2\boldsymbol{r}}{\mathrm{d}t^2}=\frac{\mathrm{d}^2x}{\mathrm{d}t^2}\boldsymbol{i}+\frac{\mathrm{d}^2y}{\mathrm{d}t^2}\boldsymbol{j}$,可得如下计算:

$$v=|\boldsymbol{v}|=\left|\frac{\mathrm{d}x}{\mathrm{d}t}\boldsymbol{i}+\frac{\mathrm{d}y}{\mathrm{d}t}\boldsymbol{j}\right|=\sqrt{\left(\frac{\mathrm{d}x}{\mathrm{d}t}\right)^2+\left(\frac{\mathrm{d}y}{\mathrm{d}t}\right)^2}$$

$$\frac{\mathrm{d}r}{\mathrm{d}t}=\frac{\mathrm{d}|\boldsymbol{r}|}{\mathrm{d}t}=\frac{\mathrm{d}\sqrt{x^2+y^2}}{\mathrm{d}t}=\frac{x\frac{\mathrm{d}x}{\mathrm{d}t}+y\frac{\mathrm{d}y}{\mathrm{d}t}}{\sqrt{x^2+y^2}}$$

由计算可知,绝大多数情况下,$v\neq\frac{\mathrm{d}r}{\mathrm{d}t}$.同理可作如下计算:

$$a=\left|\frac{\mathrm{d}\boldsymbol{v}}{\mathrm{d}t}\right|=\left|\frac{\mathrm{d}^2x}{\mathrm{d}t^2}\boldsymbol{i}+\frac{\mathrm{d}^2y}{\mathrm{d}t^2}\boldsymbol{j}\right|=\sqrt{\left(\frac{\mathrm{d}^2x}{\mathrm{d}t^2}\right)^2+\left(\frac{\mathrm{d}^2y}{\mathrm{d}t^2}\right)^2}$$

$$\frac{\mathrm{d}^2r}{\mathrm{d}t^2}=\frac{\mathrm{d}^2|\boldsymbol{r}|}{\mathrm{d}t^2}=\frac{\mathrm{d}}{\mathrm{d}t}\left(\frac{\mathrm{d}r}{\mathrm{d}t}\right)=\frac{\mathrm{d}}{\mathrm{d}t}\left(\frac{x\frac{\mathrm{d}x}{\mathrm{d}t}+y\frac{\mathrm{d}y}{\mathrm{d}t}}{\sqrt{x^2+y^2}}\right)$$

由计算可知,绝大多数情况下,$a\neq\frac{\mathrm{d}^2r}{\mathrm{d}t^2}$.

1-4　回答并举例说明下列问题:

(1) 质点能否具有恒定的速率而速度却是变化的呢?(2) 质点在某时刻其

速度为零,而其加速度是否也为零呢?(3)有没有这样的可能,质点的加速度在变小,而其速度在变大呢?

答:(1)可以,当加速度方向与速度方向垂直时,速度大小不变但方向改变,比如匀速圆周运动就是如此.(2)速度是加速度的时间积累,速度为零,加速度可以不为零,比如物体竖直上抛到最高点时,速度为零,加速度为重力加速度.(3)可以,当加速度方向与速度方向一致时,尽管加速度大小在变小,速度(大小)还是增加的.

1-5　在习题 1-5 中,有人认为船速为 $v=v_0\cos\theta$,由此得出的答案是错的.你知道错在哪里吗?

答:错误的来源是将"收绳速度 v_0"当作合速度分解为沿船运动方向和垂直于船运动方向的两个分量.其中将沿船运动方向的分量当成就是船的速度.实际上,船速应该是合速度,它同时参与了沿绳方向的"收绳速度 v_0"(径向速度)和使绳方向改变的"转动速度"(横向速度),后者速度的方向垂直于绳.因此,应该将船速 v 沿绳和垂直于绳方向分解才能得到正确的结果.

1-6　如果一质点的加速度与时间的关系是线性的,那么该质点的速度和位矢与时间的关系是否也是线性的呢?

答:根据题意,加速度与时间的关系是线性的,则可以设 $\boldsymbol{a}=\boldsymbol{k}t$,其中 $\boldsymbol{k}$ 为常矢量.由 $\dfrac{\mathrm{d}\boldsymbol{v}}{\mathrm{d}t}=\boldsymbol{k}t$,得 $\mathrm{d}\boldsymbol{v}=\boldsymbol{k}t\mathrm{d}t$(设 $t=0$ 时,$\boldsymbol{v}=\boldsymbol{v}_0$,$\boldsymbol{r}=\boldsymbol{r}_0$),两边积分,有 $\int_{v_0}^{v}\mathrm{d}\boldsymbol{v}=\int_0^t\boldsymbol{k}t\mathrm{d}t$,所以 $\boldsymbol{v}=\boldsymbol{v}_0+\dfrac{1}{2}\boldsymbol{k}t^2$,即速度与时间的关系不是线性的.

同理,由 $\boldsymbol{v}=\dfrac{\mathrm{d}\boldsymbol{r}}{\mathrm{d}t}$,有 $\int_{r_0}^{r}\mathrm{d}\boldsymbol{r}=\int_0^t\left(\boldsymbol{v}_0\mathrm{d}t+\dfrac{1}{2}\boldsymbol{k}t^2\mathrm{d}t\right)$,所以 $\boldsymbol{r}=\boldsymbol{r}_0+\boldsymbol{v}_0t+\dfrac{1}{6}\boldsymbol{k}t^3$,即位矢与时间的关系也不是线性的.

1-7　一人站在地面上用枪瞄准悬挂在树上的木偶.当子弹从枪口射出时,木偶正好从树上由静止自由下落.试问为什么子弹总可以射中木偶?

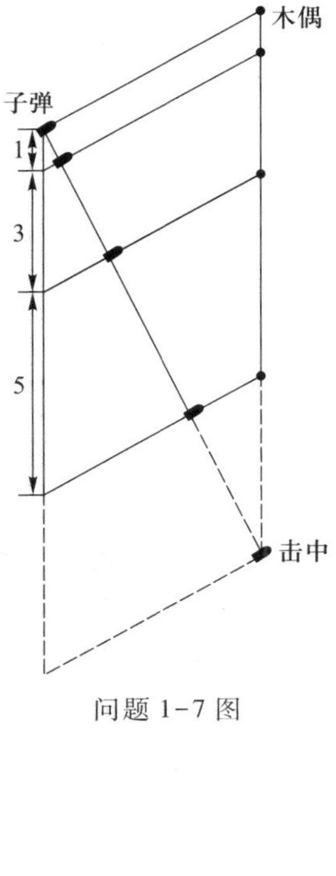

问题 1-7 图

答:本题要射中木偶有一个前提必须满足:若设木偶离地的距离为 h,枪口离木偶的连线距离为 s,子弹出口的初速率为 v_0,则要在 $\dfrac{s}{v_0}\leqslant\sqrt{\dfrac{2h}{g}}$ 的条件下才有可能击中.在此条件下,方法一:因为 $\boldsymbol{v}_{子}=\boldsymbol{v}_0+\boldsymbol{g}t$,$\boldsymbol{v}_{木}=\boldsymbol{g}t$,

所以任意时刻两者的相对速度 $\boldsymbol{v}_{子}-\boldsymbol{v}_{木}=\boldsymbol{v}_0$，只要初始时刻 $\boldsymbol{v}_0$ 方向指向木偶(对准)，则任意时刻子弹都瞄准木偶并相对运动，因此一定能够击中木偶.方法二：根据运动的叠加原理，子弹参与竖直方向的自由落体和斜方向的匀速运动.木偶只参与竖直方向的自由落体.则如问题 1-7 图所示，子弹必然击中木偶.

1-8　一质点作匀速率圆周运动，取其圆心为坐标原点.试问：质点的位矢与速度、位矢与加速度、速度与加速度的方向之间有何关系？

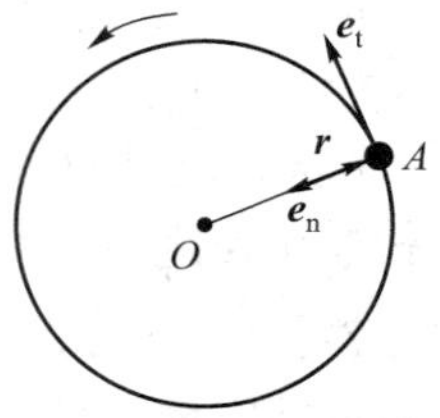

问题 1-8 图

答：如问题 1-8 图所示，A 为圆周上运动的质点，设质点沿 O 为圆心，半径为 r 的圆周作逆时针方向的匀速率圆周运动.

以动点 A 为原点，建立如问题 1-8 图所示自然坐标系，则由图可知：

(1) 质点的位矢 $\boldsymbol{r}$ 与法向单位矢量 $\boldsymbol{e}_n$ 的方向相反，速度 $\boldsymbol{v}$ 与切向单位矢量 $\boldsymbol{e}_t$ 的方向相同，即 $\boldsymbol{r}=-r\boldsymbol{e}_n$，$\boldsymbol{v}=v\boldsymbol{e}_t$，所以质点的位矢与速度方向相互垂直，$\boldsymbol{r}\perp\boldsymbol{v}$.

(2) 因为质点作匀速率圆周运动，则其切向加速度 $a_t=\dfrac{dv}{dt}=0$，则加速度 $\boldsymbol{a}=\boldsymbol{a}_t+\boldsymbol{a}_n=\boldsymbol{a}_n$，沿法向单位矢量 $\boldsymbol{e}_n$ 的方向，所以质点位矢与加速度方向反平行，$\boldsymbol{r}/\!/-\boldsymbol{a}$.

(3) 由以上分析可知，质点速度方向沿切向，而加速度沿法向，所以，质点速度方向与加速度方向垂直，$\boldsymbol{v}\perp\boldsymbol{a}$.

1-9　在《关于两门新科学的对话》一书中，伽利略写道："仰角(即抛射角)比 45°增大或减小一个相等角度的抛体，其射程是相等的."你能证明吗？

证明：由给定初速 v_0、抛射角 α 的抛体射程公式

$$d_0=\frac{v_0^2}{g}\sin 2\alpha$$

可以得到，当抛射角分别为比 45°增大 θ 和比 45°减小 θ 的抛体，其射程分别为 $d_1=\dfrac{v_0^2}{g}\sin[2(45°+\theta)]$，$d_2=\dfrac{v_0^2}{g}\sin[2(45°-\theta)]$，则 $d_1=\dfrac{v_0^2}{g}\sin(90°+2\theta)=\dfrac{v_0^2}{g}\cos 2\theta$，$d_2=\dfrac{v_0^2}{g}\sin(90°-2\theta)=\dfrac{v_0^2}{g}\cos 2\theta$，即 $d_1=d_2$.

1-10　下列说法是否正确：

(1) 质点作圆周运动时的加速度指向圆心；

(2) 匀速圆周运动的加速度为常量；

(3) 只有法向加速度的运动一定是圆周运动；

（4）只有切向加速度的运动一定是直线运动.

答：质点作曲线运动时，其加速度 $\boldsymbol{a}=\boldsymbol{a}_{\mathrm{t}}+\boldsymbol{a}_{\mathrm{n}}$，其中，$\boldsymbol{a}_{\mathrm{t}}=\frac{\mathrm{d}v}{\mathrm{d}t}\boldsymbol{e}_{\mathrm{t}}$，$\boldsymbol{a}_{\mathrm{n}}=\frac{v^2}{R}\boldsymbol{e}_{\mathrm{n}}$.

（1）不准确.若 $\frac{\mathrm{d}v}{\mathrm{d}t}\neq 0$ 时 $\boldsymbol{a}\neq\boldsymbol{a}_{\mathrm{n}}$，即不是匀速率圆周运动时，加速度就不指向圆心.

（2）不对.因匀速圆周运动时，加速度 $\boldsymbol{a}=\boldsymbol{a}_{\mathrm{n}}=\frac{v^2}{R}\boldsymbol{e}_{\mathrm{n}}$，而 $\boldsymbol{e}_{\mathrm{n}}$ 为大小为 1、方向不断变化的变矢量.所以，匀速圆周运动时，加速度大小不变，而方向不断变化，始终指向圆心.

（3）一般不对.只有法向加速度，亦即 $a_{\mathrm{t}}=\frac{\mathrm{d}v}{\mathrm{d}t}=0$，速率 v 不变.当曲线运动的曲率圆中心不发生改变时，曲率半径一定也不变，那么物体一定作圆周运动，且为匀速圆周运动；当曲线运动的曲率圆中心发生变化，曲率半径一般会变化（特殊时可以不变），那么物体一定不作圆周运动.例如，匀强磁场中带电粒子的螺旋线运动，就是这种情况中的最简单（特殊）情况——曲率圆中心沿磁场方向运动，曲率圆半径不变的螺旋线运动.

（4）正确.只有切向加速度，亦即 $a_{\mathrm{n}}=\frac{v^2}{R}=0$，因为一般 $v\neq 0$，则必有 $R\to\infty$，所以是直线运动.

1-11　在地球的赤道上，有一质点随地球自转的加速度为 a_{E}；而此质点随地球绕太阳公转的加速度为 a_{S}.假设地球绕太阳的轨道可视为圆形，你知道这两个加速度之比是多少吗？

答：设地球赤道半径为 r，地球公转半径为 R，由向心加速度公式，有：$a_{\mathrm{E}}=r\frac{4\pi^2}{T_{\mathrm{E}}^2}=r\frac{4\pi^2}{(24\ \mathrm{h})^2}$；$a_{\mathrm{S}}=R\frac{4\pi^2}{T_{\mathrm{S}}^2}=R\frac{4\pi^2}{(365\times 24\ \mathrm{h})^2}$，所以 $\frac{a_{\mathrm{E}}}{a_{\mathrm{S}}}=\frac{365^2 r}{R}$，取 $r\approx 6.4\times 10^6\ \mathrm{m}$，$R\approx 1.5\times 10^{11}\ \mathrm{m}$，则 $\frac{a_{\mathrm{E}}}{a_{\mathrm{S}}}\approx 5.68$，因此在研究地球上的物体运动时，若精度要求不高时，可以忽略地球的公转运动.

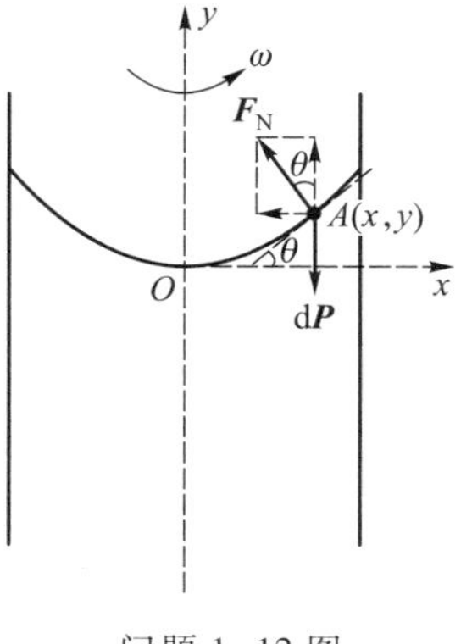

问题 1-12 图

1-12　一半径为 R 的圆筒中盛有水，水面低于圆筒的顶部.当它以角速度 ω 绕竖直轴旋转时，水面呈平面还是抛物面？试证之.

答：设圆筒旋转时水面为任意“曲面”（不排除平面）.因相对于圆筒中心轴的对称性，曲面中心一定是

“曲面”的极值点.建立如问题 1-12 图所示坐标系,并在水面上任意位置 A 取一个质量元 $\mathrm{d}m$,其受力情况如问题 1-12 图所示,其中 $\boldsymbol{F}_\mathrm{N}$ 和 $\mathrm{d}\boldsymbol{P}$ 为质元 $\mathrm{d}m$ 受到的其他部分水对其的作用力和自身的重量.

当液体表面形状形成(稳定)后,$\boldsymbol{F}_\mathrm{N}$ 必定垂直于该质元所在处曲线的切线方向.由受力分析,列方程:

$$\begin{cases} F_\mathrm{N}\cos\theta = \mathrm{d}m\cdot g & (1)\\ F_\mathrm{N}\sin\theta = \mathrm{d}m(x\omega^2) & (2)\end{cases}$$

得

$$g\tan\theta = \omega^2 x \qquad (3)$$

因为 $\tan\theta$ 为曲线在点 A 处的斜率,所以有

$$\tan\theta = \mathrm{d}y/\mathrm{d}x \qquad (4)$$

将式(4)代入式(3),得

$$\mathrm{d}y = \frac{\omega^2}{g}x\mathrm{d}x$$

从坐标原点到任意点的积分,有

$$\int_0^y \mathrm{d}y = \frac{\omega^2}{g}\int_0^x x\mathrm{d}x$$

得

$$y = \frac{1}{2}\frac{\omega^2}{g}x^2$$

这是水面任意质元满足的方程,恰为抛物线.

1-13 把一小钢球放在大钢球的顶部,让两钢球自距地面高为 h 处由静止自由下落,与地面上钢板相碰撞.相碰后,小钢球可弹到 $9h$ 的高度.你能用相对运动的概念给予说明吗?设钢球间和钢球与钢板间的碰撞均为完全弹性碰撞.

答:分四个过程考虑.

第一个过程:大、小球一起落下[问题 1-13 图(a)].大球、小球着地的瞬间,它们相对地的速度值为 $v=\sqrt{2gh}$.

第二个过程:大球与钢板间的碰撞为完全弹性碰撞,大球以速率 v 反弹[问题1-13 图(b)],因小球仍以速率 v 向下运动,所以它相对于此时的大球的速率为 $2v$,方向向下.

第三个过程:小球与大球碰撞仍为完全弹性碰撞[问题 1-13 图(c)],则小球碰撞后反弹时相对大球的速率仍为 $2v$,此时,大球相对于地面的速率(近似)仍为 v.

第四个过程:小球相对于地面以速率 $3v$ 弹起[问题 1-13 图(d)],故小球升起的高度为

$$H=\frac{(3v)^2}{2g}=9\frac{v^2}{2g}=9h$$

证毕.

注：在第二个过程中，由于小球与大球之间处于无挤压状态，因此可以认为在大球与钢板相碰的过程结束后，小球才与大球相碰.

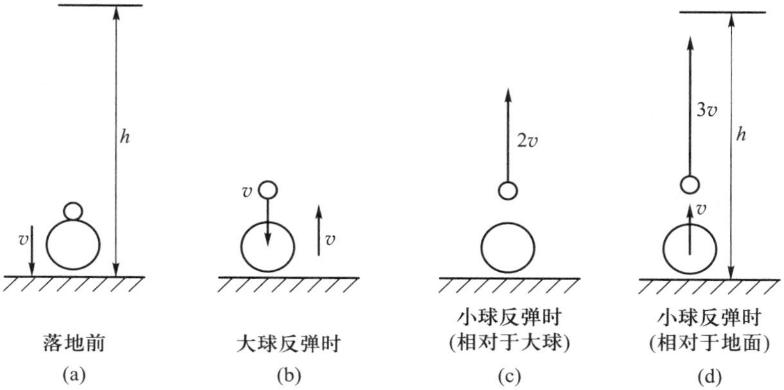

问题 1-13 图

1-14　如果两个质点分别以初速 $\boldsymbol{v}_{10}$ 和 $\boldsymbol{v}_{20}$ 抛出，$\boldsymbol{v}_{10}$ 和 $\boldsymbol{v}_{20}$ 在同一平面内且与水平面的夹角分别为 θ_1 和 θ_2. 有人说，在任意时刻，两质点的相对速度是一常量. 你说对吗？

答：题中说法正确. 设在任意时刻 t，两质点的速度分别为 $\boldsymbol{v}_1$、$\boldsymbol{v}_2$，因只在恒定重力场中运动，则有 $\boldsymbol{v}_1=\boldsymbol{v}_{10}+\boldsymbol{g}t$，$\boldsymbol{v}_2=\boldsymbol{v}_{20}+\boldsymbol{g}t$. 由问题 1-14 图可知，任意时刻，两质点的相对速度 $\boldsymbol{v}_2-\boldsymbol{v}_1=\boldsymbol{v}_{20}-\boldsymbol{v}_{10}$ 为常量.

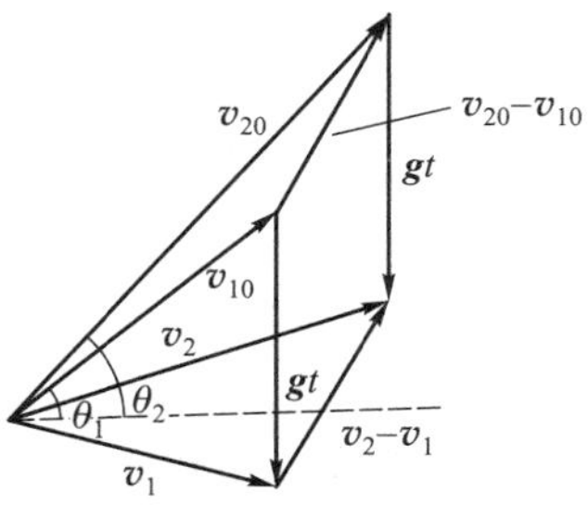

问题 1-14 图

三、解题感悟

以问题 1-7 为例进行分.

（1）掌握好规律. 比如该题目的解答中利用了两条规律：运动的相对性和叠加原理.

（2）注意题目所给的条件. 在本题中，木偶落地的时间是 $\sqrt{\dfrac{2h}{g}}$，在这段时间里弹丸必须击中木偶，这也就限制了枪口与木偶间的距离，超出了这个距离，在木偶落地停止运动后，弹丸是无法击中木偶的.

第二章

牛顿运动定律

一、概念及规律

1. 牛顿运动定律

（1）**牛顿第一定律**　任何物体都保持静止或匀速直线运动的状态，直到其他物体的作用力迫使它改变这种状态为止.

（2）**牛顿第二定律**　当质点受到外力作用时，质点动量 $\boldsymbol{p}$ 的时间变化率与合外力成正比，其方向与合外力的方向相同，即

$$\boldsymbol{F}=\frac{\mathrm{d}\boldsymbol{p}}{\mathrm{d}t}$$

对于低速运动的物体，物体的质量是一个与速度无关的常量，因而上式可写为

$$\boldsymbol{F}=m\frac{\mathrm{d}\boldsymbol{v}}{\mathrm{d}t}$$

或

$$\boldsymbol{F}=m\boldsymbol{a}$$

（3）**牛顿第三定律**　物体间的作用是相互的，一个物体对另一个物体有作用力，则另一个物体对这个物体必有反作用力.作用力和反作用力分别作用于不同的物体上，它们总是同时存在，大小相等、方向相反，作用线在同一直线上.若以 $\boldsymbol{F}$ 和 $\boldsymbol{F}'$ 表示作用力和反作用力，则有

$$\boldsymbol{F}=-\boldsymbol{F}'$$

2. 常见的三种力

（1）**万有引力**　质量分别为 m_1 和 m_2 的两个质点，相距为 r 时，则 m_1 对 m_2 的引力可表示为

$$\boldsymbol{F}=-G\frac{m_1m_2}{r^2}\boldsymbol{e}_r$$

式中，引力常量 $G=6.67\times10^{-11}\ \mathrm{N\cdot m^2\cdot kg^{-2}}$，$\boldsymbol{e}_r$ 为 m_1 指向 m_2 的单位矢量.重力

是由地球对其表面附近物体的引力引起的.在忽略地球自转的情况下,地球对其表面附近的物体的万有引力就是习惯上所说的物体的重力.

（2）**弹性力**　当相互接触的物体因碰撞、挤压、拉伸等作用而发生形变时,由于物体具有弹性,它要试图恢复原来的形状,因而对使它发生形变的那些接触物就有力的作用,这种力称为弹性力.常见的弹性力有弹簧与物体间的弹性力、绳子的张力、重物与支撑面之间的压力等.

（3）**摩擦力**　当两物体相接触挤压并有相对滑动或相对滑动趋势时,两物体都将受到与其相对滑动或相对滑动趋势的方向相反的力.这一对力是作用力和反作用力,作用于不同物体上,都称为摩擦力.发生相对滑动时称为滑动摩擦力,有相对滑动趋势时称为静摩擦力.滑动摩擦力可由下式计算：

$$F_{\mathrm{f}}=\mu F_{\mathrm{N}}$$

3. 惯性系和非惯性系　惯性力

（1）**惯性系**　物体运动遵从牛顿运动定律的参考系称为惯性参考系,简称惯性系.

（2）**非惯性系**　凡是牛顿运动定律不适用的参考系称为非惯性系.

（3）**惯性力**　平动非惯性系中的惯性力的大小等于非惯性系的加速度与物体质量的乘积,方向与非惯性系的加速度相反.惯性力是虚拟力,不是真实力,它没有施力物体.

二、思考及解答

2-1　一探险者欲前往山洞对面,他将拴有绳子的锚钩掷到山洞对面一棵大树上,并使之固定.探险者将绳的另一端拴在腰上并拉直,然后荡过山洞,落在山洞对面的地上.你能指出在探险者荡过山洞的过程中,在什么位置绳的张力最大吗？

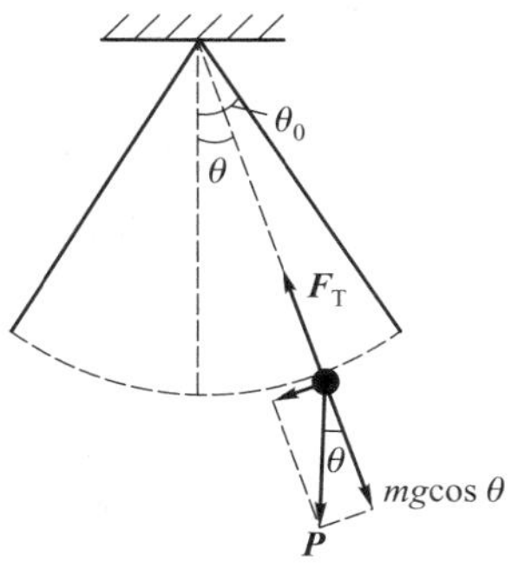

问题 2-1 图

答：此问题可以简化成将探险者视为质点且绳子的质量略去不计的模型.如问题 2-1 图所示,设绳长为 l,质点质量为 m,初始摆角为 θ_0,启动速度为 0.由受力分析及机械能守恒知

$$F_{\mathrm{T}}-mg\cos\theta=m\frac{v^2}{l}\qquad(1)$$

$$\frac{1}{2}mv^2 = mgl(\cos\theta - \cos\theta_0) \tag{2}$$

由式(1)、式(2)可知

$$F_T = mg(3\cos\theta - 2\cos\theta_0)$$

当 $\theta=0$ 时

$$F_T = F_{T,max} = mg(3 - 2\cos\theta_0)$$

即在重物摆至最低点时绳子的张力最大,因此,本题答案应该是当探险者荡至锚钩下方时绳的张力最大.

2-2　一车辆沿弯曲公路运动.试问作用在车辆上的力的方向是指向道路外侧,还是指向道路内侧?

答:由运动学知识,速度变化的方向总是沿轨道的弯曲方向的内侧,因此,加速度乃至物体所受合力方向也指向曲线内侧,所以本题所问的车辆受力方向一定指向道路的内侧.若公路是有倾斜度的,则受到指向内侧的力可能来自地面的支持力(问题 2-2 图)和摩擦力;若公路无倾斜度,则车受到指向内侧的力只能来自地面的摩擦力.

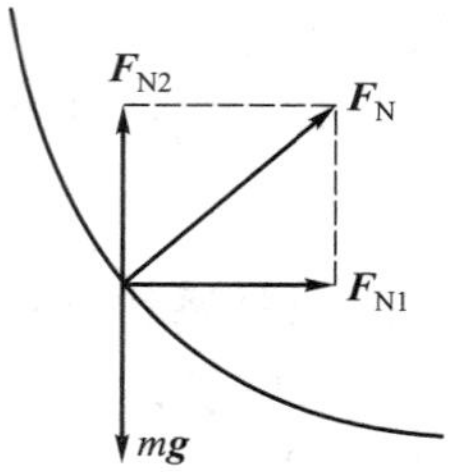

问题 2-2 图

2-3　一质量略去不计的轻绳跨过无摩擦的定滑轮.一只猴子抓住绳的一端,绳的另一端悬挂一个质量和高度均与猴子相等的镜子.开始时,猴子与镜子在同一水平面上.猴子为了不看到镜中的猴像,它进行了下面三项尝试:(1) 向上爬;(2) 向下爬;(3) 松开绳子自由下落.这样猴子是否就看不到它在镜中的像了?

答:本题用两种方法解答.

方法一:从二者受力情况看,如问题 2-3 图所示,F 为绳子对镜子的拉力,F_f 为猴子受到的绳子对它的摩擦力,且 $F=F_f$.所以由牛顿第二定律知:无论是情况(1)、(2)或(3),猴子和镜子的运动状态相同.

方法二:从对滑轮组中心点的角动量守恒看,二者在任意时刻的速度的值相等,即 $v_1=v_2$.所以,题中三种情况猴子皆能看见自己的像.

2-4　如问题 2-4 图所示,轻绳与定滑轮间的摩擦力略去不计,且 $m_1=2m_2$.若使质量为 m_2 的两个物体绕公共竖直轴转动,两边能否保持平衡?

答:当 m_2 的转动稳定时,两边能保持平衡.

方法一:因为 m_2 的运动是在水平面内,两边绳所受拉力在竖直方向的分量相等,且皆等于两小球的重力,所以两边平衡.

方法二:若将 m_1 和两个 m_2 及绳看作一个系统,由于此系统在滑轮两侧绳的竖直方向的重力 m_1g 和 $2m_2g$,大小相等,且方向相反,因此,在沿绳方向系统保持平衡.

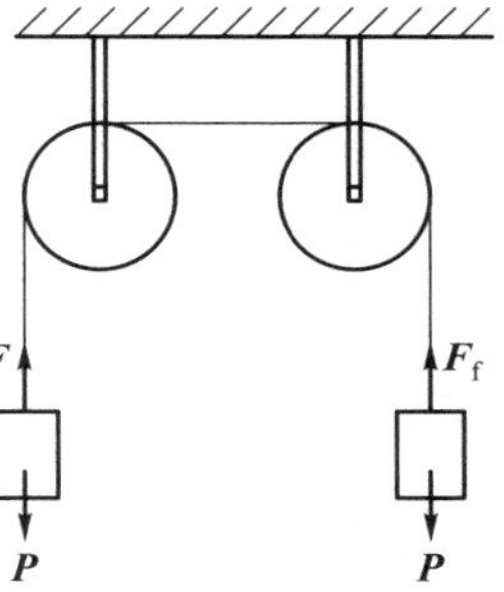

问题 2-3 图

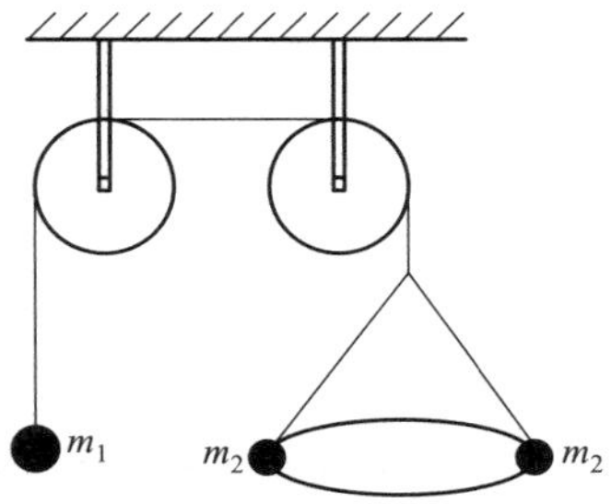

问题 2-4 图

2-5　如问题 2-5 图(a)所示,一半径为 R 的木桶以角速度 ω 绕其轴线转动.有一人紧贴在木桶壁上,人与木桶间的静摩擦因数为 μ_0.你知道在什么情形下,人会紧贴在木桶壁上而不掉下来吗?

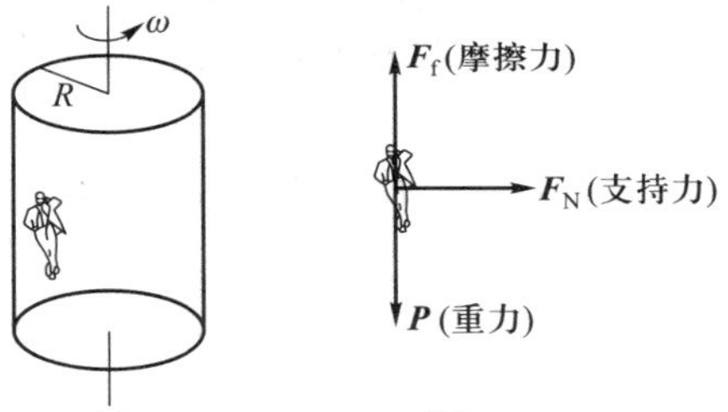

问题 2-5 图

答:设人的质量为 m,人的受力情况如问题 2-5 图(b)所示.因为当人以角速度 ω 绕轴转动时,其法向加速度为 a_n,故最大静摩擦力 $F_{fm}=\mu_0 F_N=\mu_0 m a_n=\mu_0 m\omega^2 R$,当 $F_{fm}\geqslant mg$ 时,人与桶壁之间出现静摩擦力 F_f,且始终能保证 $F_f=mg$,人不会掉下,即 $\mu_0\omega^2 R\geqslant g$,所以 $\omega\geqslant\sqrt{\dfrac{g}{\mu_0 R}}$是人不掉下的旋转条件.

2-6　已知太阳的质量约为2.0×10^{30} kg.设太阳绕银河系中心运动的轨道为圆形,每转一圈所经历的时间约为 2.5×10^8 年.如果设想银河系中所有恒星都可看成类似太阳那样的恒星,并认为恒星系中所有行星、彗星及宇宙尘埃的质量较之恒星的质量都可略去不计,那么你能估计出银河系中有多少颗类似于太阳的恒星吗?

答:本题假设太阳处于银河系边缘,且恒星分布均匀,则银河系中心即为质量的中心,那么太阳(设质量为 m)绕中心旋转所受的力即为银河系中

除太阳之外的其他恒星的吸引力的合力,指向中心.设银河系恒星质量为 m',则有

$$G\frac{m'm}{R^2}=mR\left(\frac{2\pi}{T}\right)^2$$

$$m'=\frac{4\pi^2R^3}{GT^2}$$

太阳距银河系中心距离 $R\approx5.6\times10^{20}$ m,所以类太阳恒星数为

$$n=\frac{m'}{m}=\frac{4\pi^2R^3}{GmT^2}=\frac{4\times3.14^2\times(5.6\times10^{20})^3}{6.67\times10^{-11}\times2.0\times10^{30}\times(2.5\times10^8\times365\times24\times3\ 600)^2}\approx8.35\times10^{11}$$

2-7 在升降机中有一只海龟,如问题 2-7 图所示.在什么情况下,海龟会"飘浮"在空中?

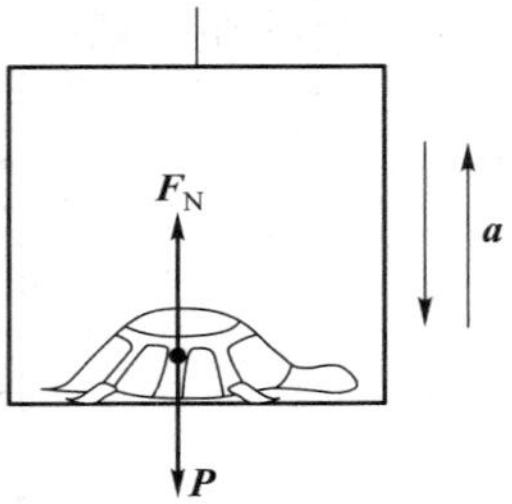

问题 2-7 图

答: 海龟受力如问题 2-7 图所示,设升降机加速度为 $\boldsymbol{a}$(可向上、可向下),由动力学方程 $\boldsymbol{P}+\boldsymbol{F}_N=m\boldsymbol{a}$ 得

$$\boldsymbol{F}_N=m\boldsymbol{a}-m\boldsymbol{g}$$

当升降机加速度 $\boldsymbol{a}$ 方向向上,与重力加速度 $\boldsymbol{g}$ 方向相反时(向上加速,向下减速),则

$$|\boldsymbol{F}_N|\neq0$$

海龟不会"漂浮".当升降机加速度 $\boldsymbol{a}$ 方向向下,与重力加速度 $\boldsymbol{g}$ 方向相同(向上减速,向下加速),且 $|\boldsymbol{a}|\geqslant|\boldsymbol{g}|$ 时,则 $F_N=0$ 或 $\boldsymbol{F}_N$ 的方向向下,但方向向下是不可能的,因为升降机底板只能提供向上的作用力.所以,此时海龟"漂浮".

2-8 在空间站中的宇航员"没有重量",你怎么判断地球引力对他的影响呢?

答: 从理论角度讨论该问题.假设某人只懂得惯性参考系中的牛顿力学,当他处于:

(1) 平动加速参考系中

当系统(如升降机)以加速度 $\boldsymbol{g}$ 向下运动时(不考虑重力加速度随高度的差异),此人处于"失重"状态.该"失重"状态不因物体运动状态变化而改变.因此,此人做任何实验都无法判断是否引力存在.例如,该人沿视线方向抛出一物体,此物体始终沿视线方向(匀速)直线运动,如问题 2-8 图(a)所示.该人无法判断此物体是在有引力下的加速系(失重升降机)中,还是在无引力下的惯性系中出现的这种情况.

（2）旋转加速参考系中

当系统（如航天器）绕地旋转时（不考虑地球自转），此人也处于“失重”状态.但该“失重”状态会因运动状态变化而改变.因此，此人可以做实验来判断参考系的性质，从而判断引力的存在.例如，该人沿视线方向抛出一物体（抛出速度尽量大），物体会沿视线方向“向上”或“向下”偏转，如问题2-8图（b）所示.正是这个偏转使得此人能够判断他是处于旋转参考系中.因为，此时的“失重”是由于引力等于向心力 $m\dfrac{v^2}{r}$ 而造成的，当人沿绕行方向或沿逆绕行方向抛出物体时，物体应具有的向心力大于或小于引力，从而物体发生偏转，进而该人判断地球引力对其的影响就在于使自己保持旋转状态.

注：上述现象用“科里奥利力”概念易于解释.

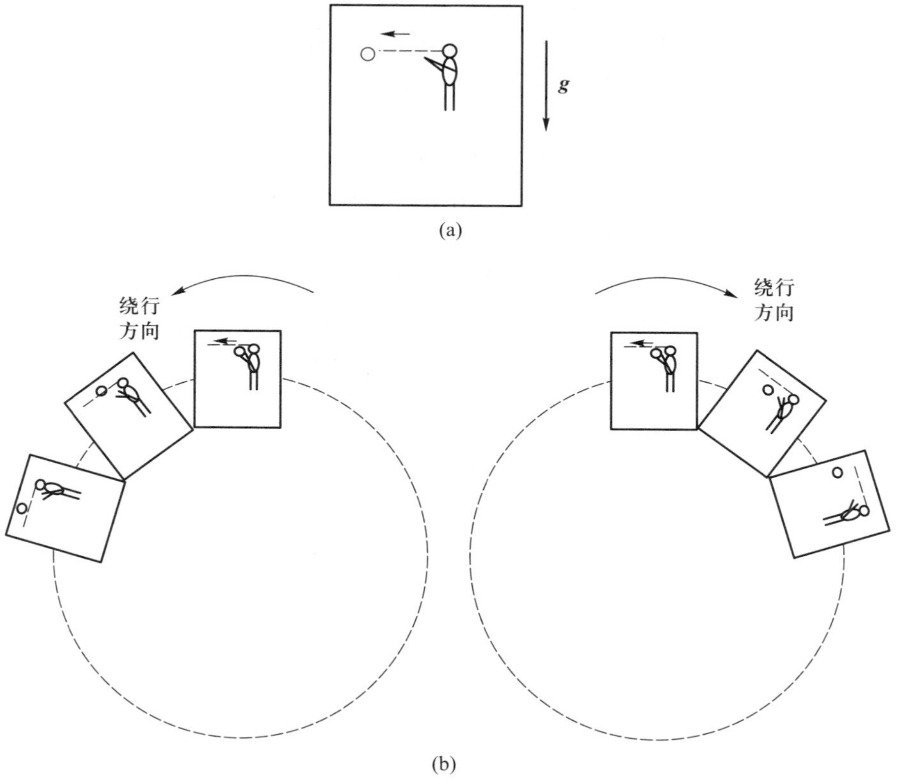

(b)

问题 2-8 图

当然，这只是理论上可能出现的情况.实际上，这种情况在多大范围、多少尺寸内才有观察效应，这需要定量计算，它是与飞行器的绕行速度和抛出物速度等因素都有关的,未必能观察到,这里仅定性地给出一种可能的判断.

*2-9　在火车车厢中的光滑桌面上放置一个钢制小球,如问题 2-9 图所示.当火车的速率增加时,车厢内的观察者和铁轨上的观察者看到小球的运动状态将会发生怎样的变化?如果火车的速率减小,情况又将怎样?你能对上述现象加以说明吗?

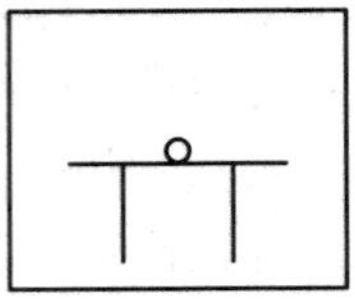

问题 2-9 图

答:(1) 以铁轨为参考系,由牛顿第二定律可知小球的运动状态不会变,因为没有受到外力作用(竖直方向的平衡力不考虑).(2) 以车厢为参考系,小球受惯性力 $\boldsymbol{F}_i$ 的作用. $\boldsymbol{F}_i=-m\boldsymbol{a}$($\boldsymbol{a}$ 为车厢加速度).当车厢加速向前时,小球在加速向后运动.反之,当车厢加速度向后时(减速率向前运动),小球加速向前运动.

2-10　一物体相对于某参考系处于静止状态,是否可说此物体所受的合力一定为零呢?

答:不能这样说.要看此参考系是否为惯性参考系,物体如果在非惯性参考系中静止,不能表明物体所受的实际作用力的合力为零,只能说,包含惯性力的合力为零.

2-11　有人想了一个简易办法,他用一块较光滑的平板、一根弹性系数较小的弹簧,弹簧一端固定,另一端系一小钢球,就可以测量出汽车的加速度.你能给出该装置的示意图和测量原理吗?

答:如问题 2-11 图所示,设弹簧弹性系数为 k,小球质量为 m.当汽车作恒定加速度为 a 的运动时,弹簧将沿加速度的反方向长度变化 x,产生的弹力使小球保持与汽车加速度一致的加速运动,根据胡克定律和牛顿第二定律,此时有

$$kx=ma$$

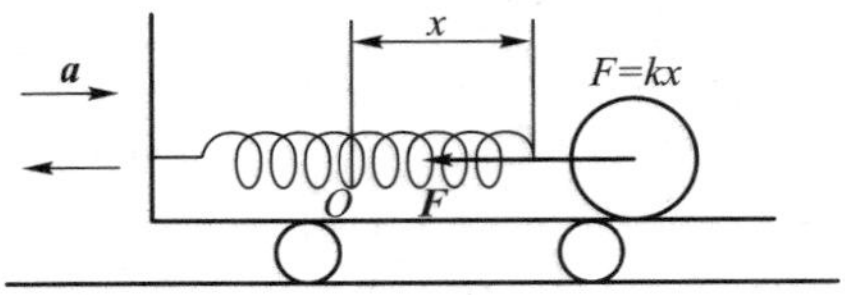

问题 2-11 图

由此可得汽车的加速度

$$a=\frac{kx}{m}$$

此外,题意中选定“弹性系数较小的弹簧”是为了使弹簧有良好的灵敏度,对不大的加速度有较大的伸长,使测量结果较精确.

三、解题感悟

以问题 2-5 为例进行分析.

解题时的“临界条件”很重要,它往往决定了一个物理量的界限,比如该题中,使最大静摩擦力刚好等于重力时的旋转速度就是人紧贴木桶壁不掉下的最小转速,这个临界条件用好了,该题目的完整解答就出来了.

第三章

动量守恒定律和能量守恒定律

一、概念及规律

1. 动量　冲量　动量定理及动量守恒定律

(1) **动量**　动量 $\boldsymbol{p}=m\boldsymbol{v}$,它是描述物体运动状态的物理量.

(2) **冲量**　冲量是力对时间的累积效应,用符号 $\boldsymbol{I}$ 表示:

$$\boldsymbol{I}=\int_{t_0}^{t}\boldsymbol{F}\mathrm{d}t$$

(3) **动量定理**　质点动量的增量等于合力对质点作用的冲量,质点系动量的增量等于合外力的冲量,即

$$\int_{t_0}^{t}\boldsymbol{F}\mathrm{d}t=\boldsymbol{p}-\boldsymbol{p}_0$$

(4) **动量守恒定律**　若质点系所受的合外力为零,系统的动量是守恒量,即若

$$\sum_i \boldsymbol{F}_i=0$$

则

$$\boldsymbol{p}=\boldsymbol{p}_0$$

2. 功　保守力和非保守力的功　势能

(1) **功**　描述力对空间的累积效应的物理量,定义式为

$$W=\int_A^B \boldsymbol{F}\cdot\mathrm{d}\boldsymbol{r}=\int_A^B F\left|\mathrm{d}\boldsymbol{r}\right|\cos\theta$$

(2) **保守力的功**　只与物体的始末位置有关,与路径无关.

(3) **非保守力的功**　与物体的始末位置、路径皆有关.

(4) **势能**　与物体位置有关的能量.一般用 $E_{\mathrm{p}}(\boldsymbol{r})$ 表示势能,并规定当质点从 A 点运动到 B 点时保守力所做的功等于势能增量的负值,即

$$\int_A^B \boldsymbol{F}\cdot\mathrm{d}\boldsymbol{r}=-(E_{\mathrm{p}B}-E_{\mathrm{p}A})$$

力学中常见的三种势能:

引力势能函数　$E_p = -G\frac{m_1 m_2}{r} + C$

重力势能函数　$E_p = mgh + C$

弹性势能函数　$E_p = \frac{1}{2}kx^2 + C$

上面三式中的 C 由势能零点确定.

3. 动能定理　功能原理　机械能守恒定律

（1）**动能定理**　质点的动能定理是指合外力对质点做的功等于质点动能的增量;质点系的动能定理是指外力及内力对质点系所做的总功等于系统动能的增量.

（2）**功能原理**　系统外力的功与非保守内力的功之总和等于系统机械能的增量,这就是质点系的功能原理.即

$$W^{ex} + W_{nc}^{in} = E - E_0$$

（3）**机械能守恒定律**　如果系统外力的功与非保守内力的功皆为零或总和等于零,则系统的机械能不变,即

$$E_k + E_p = E_{k0} + E_{p0}$$

4. 质心　质心运动定理

（1）**质心**　质点系由 N 个质点组成,质量分别为 $m_1, m_2, \cdots, m_i, \cdots, m_N$,各坐标原点到质点的位矢分别为 $\boldsymbol{r}_1, \boldsymbol{r}_2, \cdots, \boldsymbol{r}_i, \cdots, \boldsymbol{r}_N$,则质心的位矢为

$$\boldsymbol{r}_C = \frac{\sum_{i=1}^{N} m_i \boldsymbol{r}_i}{\sum_{i=1}^{N} m_i} = \frac{\sum_{i=1}^{N} m_i \boldsymbol{r}_i}{m'}$$

（2）**质心运动定理**　质心运动定理的形式与牛顿第二定律形式完全相同,即

$$\boldsymbol{F} = m'\boldsymbol{a}_C$$

式中,$\boldsymbol{F}$ 为系统所受合外力,$\boldsymbol{a}_C$ 为质心加速度.

二、思考及解答

3-1　如问题 3-1 图(a)所示,设地球在太阳引力的作用下绕太阳作匀速圆周运动.试问:在下述情况下,(1) 地球从点 A 运动到点 B,(2) 地球从点 A 运动到点 C,(3) 地球从点 A 出发绕行一周又返回点 A,地球的动量增量和所受的冲量各为多少?

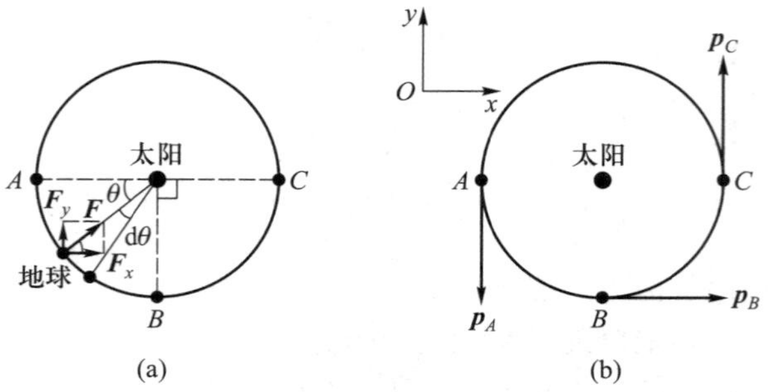

问题 3-1 图

答:动量、冲量皆为矢量.

方法一:由动量定理可知,物体在某段时间内所受的冲量等于物体在这段时间始末动量的增量 $\boldsymbol{I}=\Delta\boldsymbol{p}$.设地球以 v_E 绕太阳作匀速圆周运动,由万有引力提供向心力,有

$$G\frac{m_S m_E}{R_{SE}^2}=m_E\frac{v_E^2}{R_{SE}}$$

得 $v_E=\sqrt{G\frac{m_S}{R_{SE}}}$,在如问题 3-1 图所示的坐标系中,$A$、$B$、$C$ 三点处地球的动量分别为$\boldsymbol{p}_A=-m_E v_E\boldsymbol{j}$,$\boldsymbol{p}_B=m_E v_E\boldsymbol{i}$,$\boldsymbol{p}_C=m_E v_E\boldsymbol{j}$,所以(1) 地球从点 A 到点 B 的动量增量和所受的冲量为 $\boldsymbol{I}_{AB}=\boldsymbol{p}_B-\boldsymbol{p}_A=m_E v_E\boldsymbol{i}+m_E v_E\boldsymbol{j}$,同理(2) $\boldsymbol{I}_{AC}=\boldsymbol{p}_C-\boldsymbol{p}_A=2m_E v_E\boldsymbol{j}$,(3) $\boldsymbol{I}_{AA}=\boldsymbol{p}_A-\boldsymbol{p}_A=0$.

方法二:由冲量的定义,$\boldsymbol{I}=\int\boldsymbol{F}\mathrm{d}t=\int(F_x\boldsymbol{i}+F_y\boldsymbol{j})\mathrm{d}t$,其中 $F_x=G\frac{m_S m_E}{R_{SE}^2}\cos\theta=m_E\frac{v_E^2}{R_{SE}}\cos\theta$,$F_y=G\frac{m_S m_E}{R_{SE}^2}\sin\theta=m_E\frac{v_E^2}{R_{SE}}\sin\theta$.考虑到 $\mathrm{d}t=\frac{\mathrm{d}\theta}{\omega}=\frac{R_{SE}\mathrm{d}\theta}{v_E}$,则

$$\boldsymbol{I}=\int\boldsymbol{F}\mathrm{d}t=\int(F_x\boldsymbol{i}+F_y\boldsymbol{j})\mathrm{d}t=m_E v_E\int(\cos\theta\boldsymbol{i}+\sin\theta\boldsymbol{j})\mathrm{d}\theta$$

所以,(1) $\theta_1=0,\theta_2=\frac{\pi}{2}$,则 $\boldsymbol{I}=\int\boldsymbol{F}\mathrm{d}t=\int(F_x\boldsymbol{i}+F_y\boldsymbol{j})\mathrm{d}t=m_E v_E(\boldsymbol{i}+\boldsymbol{j})$

(2) $\theta_1=0,\theta_2=\pi$,则 $\boldsymbol{I}=\int\boldsymbol{F}\mathrm{d}t=\int(F_x\boldsymbol{i}+F_y\boldsymbol{j})\mathrm{d}t=2m_E v_E\boldsymbol{j}$

(3) $\theta_1=0,\theta_2=2\pi$,则 $\boldsymbol{I}=\int\boldsymbol{F}\mathrm{d}t=\int(F_x\boldsymbol{i}+F_y\boldsymbol{j})\mathrm{d}t=0$

结果与方法一相同.

3-2 假使你处在摩擦可略去不计的覆盖着冰的湖面上,周围又无其他可资利用的工具,你怎样依靠自身的努力返回湖岸呢?

答：由动量守恒定律知，当系统所受外力可以忽略时，系统的动量保持不变.

当人处于摩擦可以略去不计的冰面上，周围又无其他可以利用的工具时，初始动量为零，可向背离湖岸的方向扔一些自身携带的物体，从而使人获得朝向湖岸的动量，从而返回湖岸.

3-3　在上升气球下方悬挂一梯子，梯上站一人.问人站在梯上不动或以加速度向上攀升，气球的加速度有无变化？

答：若人站在梯子上不动，气球的加速度肯定不变！若人加速度攀登，要分两种情况.

定性分析：

（1）若人以恒定加速度攀登，则人、梯之间的作用力一定为恒力，所以气球所受的合力亦为恒力，加速度就不会改变.

（2）若人以变化的加速度攀登，则人、梯之间的作用力为变力，所以气球所受的合力亦为变力，加速度就会改变.

定量分析：设人的质量为 m_1、加速度为 $\boldsymbol{a}_1$，梯的质量为 m_2、加速度为 $\boldsymbol{a}_2$.现将人与梯看成一个系统，系统质心的加速度为

$$\boldsymbol{a}=\frac{m_1\boldsymbol{a}_1+m_2\boldsymbol{a}_2}{m_1+m_2}$$

由于系统所受的合外力就是人的重力和梯的重力，是恒定的，故有

$$\Delta\boldsymbol{a}=\frac{m_1\Delta\boldsymbol{a}_1+m_2\Delta\boldsymbol{a}_2}{m_1+m_2}=0$$

得

$$\Delta\boldsymbol{a}_2=-\frac{m_1}{m_2}\Delta\boldsymbol{a}_1$$

当 $\Delta\boldsymbol{a}_1=0$，即人以恒加速度运动时，则 $\Delta\boldsymbol{a}_2=0$，即梯加速度不变.

当 $\Delta\boldsymbol{a}_1\neq0$，即人以变加速度运动时，则 $\Delta\boldsymbol{a}_2\neq0$，即梯加速度变化，且加速度变化方向与人的加速度变化方向相反.

3-4　一人在帆船上用电动鼓风机正对帆鼓风，试图使帆船前进，但他发觉，船非但不前进，反而缓慢后退，这是为什么？

答：此题需理解动量定理，了解空气在离开鼓风机到达帆过程中其动量的变化.

以一定质量的空气为研究对象，空气在鼓风机作用下，在 Δt 时间内动量从 0 增加到 $\boldsymbol{p}_1$，空气受到的平均冲力为 $\boldsymbol{F}_1$（也是鼓风机受到的反作用力，向船体的后方仍记作 $\boldsymbol{F}_1$），由动量定理，$\boldsymbol{F}_1\Delta t=\boldsymbol{p}_1-0=\boldsymbol{p}_1$.空气到达帆时垂直于帆面的动量

为 $\boldsymbol{p}_2$,由于气流的“发散”(见问题 3-4 图)作用,垂直于帆面的动量一定有 $|\boldsymbol{p}_2|<|\boldsymbol{p}_1|$,空气与帆作用 Δt 后,从 $\boldsymbol{p}_2$ 减少为0.空气受到的平均冲力为 $\boldsymbol{F}_2$(也是帆受到的反作用力,向船体的前方仍记作 $\boldsymbol{F}_2$),则 $\boldsymbol{F}_2\Delta t=0-\boldsymbol{p}_2=-\boldsymbol{p}_2$.船体一方面受到向后的作用力 $\boldsymbol{F}_1$,另一方面又要受到向前的作用力 $\boldsymbol{F}_2$,且 $|\boldsymbol{F}_1|>|\boldsymbol{F}_2|$,所以船缓慢后退.

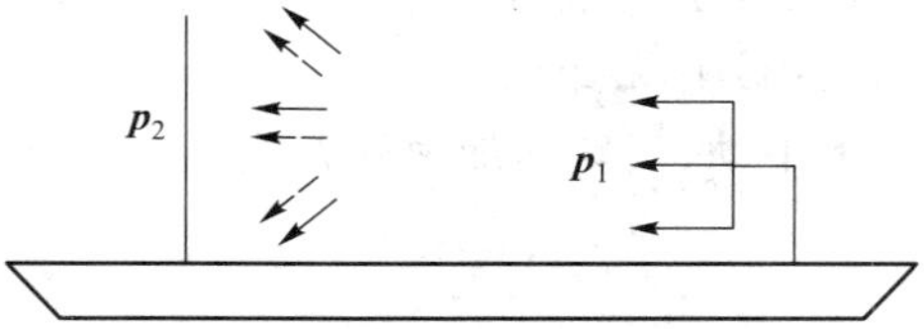

问题 3-4 图

归根结底,气体在流动过程中,船、气流不能看作封闭系统,气流存在与外界气体的交换.

3-5　在大气中,打开充气气球下方的塞子,让空气从球中冲出,则气球可在大气中上升.如果在真空中打开气球的塞子,气球也会上升吗?说明其道理.

答:气球会在“反冲”的作用下上升.

当在真空中打开气球的塞子,空气从球中冲出.设初始时刻,气球和球中空气的总动量为 $\boldsymbol{p}_1$,设 $\boldsymbol{p}_1=0$.经一很短时间 $\mathrm{d}t$ 后,冲出的空气动量为 $\boldsymbol{p}_2'$,气球及球中剩余空气的动量为 $\boldsymbol{p}_2$.根据动量守恒定律,$\boldsymbol{p}_1=\boldsymbol{p}_2+\boldsymbol{p}_2'=0$,则 $\boldsymbol{p}_2=-\boldsymbol{p}_2'$,即气球受到反冲,所以气球仍能上升.但真空与空气中的气球受力还是有差别的,前者中没有浮力,后者中有浮力作用;另外,气球内的压强在两种情况下也会有差别,此处不展开讨论.

3-6　两个物体系于轻绳的两端,绳跨过一定滑轮,如问题 3-6 图(a)所示.若把两物体和绳视为一个系统,哪些力是外力?哪些力是内力?

答:系统所受的外力[见问题 3-6 图(b)]:地球分别对两个物体的重力 $\boldsymbol{P}_1$、$\boldsymbol{P}_2$,定滑轮对系统的支持力 $\boldsymbol{F}_\mathrm{N}$;系统的内力[见问题 3-6 图(c)]:绳与物体 m_1 间的作用力 $\boldsymbol{F}_{\mathrm{T1}}$、$\boldsymbol{F}_{\mathrm{T1}}'$,绳与物体 m_2 间的作用力 $\boldsymbol{F}_{\mathrm{T2}}$、$\boldsymbol{F}_{\mathrm{T2}}'$.

3-7　在水平光滑的平面上放一长为 L、质量为 m' 的小车,车的一端站有质量为 m 的人,人和车都是静止不动的.当人以速率 v 相对地面从车的一端走向另一端,在此过程中人和小车相对地面各移动了多少距离?

答:本题用两种方法分析.

方法一:动量守恒定律.

由于小车放在光滑水平面上,人和车组成的系统动量守恒,取 v' 为小车的速

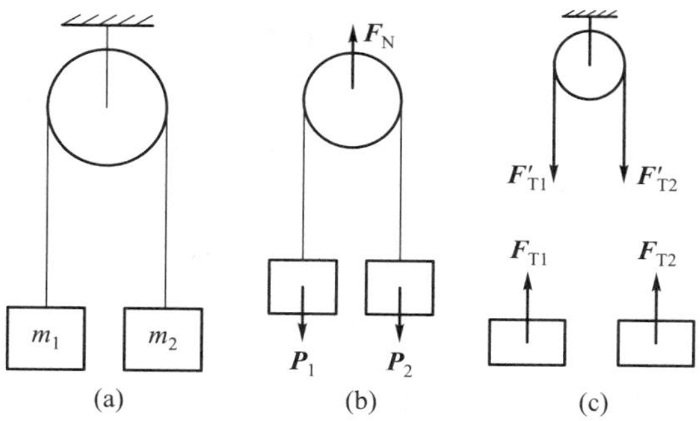

问题 3-6 图

率,并以人的运动方向为正方向,则有 $mv-m'v'=0$,$v'=\dfrac{mv}{m'}$,即车以 v' 匀速运动,方向与人的运动方向相反.设人和车运动的距离分别为 l 和 l',有 $l+l'=L$,且 $l=vt$,$l'=v't$,因此 $vt+\dfrac{mv}{m'}t=L$,$t=\dfrac{m'L}{(m+m')v}$,可得 $l=vt=\dfrac{m'L}{m+m'}$,$l'=v't=\dfrac{mL}{m+m'}$.

方法二:质心运动定理.

由于小车放在光滑水平面上,人和车组成系统所受合外力为零,根据质心运动定律,$F^{ex}=(m+m')\dfrac{dv_C}{dt}=0$ 及初始条件 $v_C=0$,所以系统的质心位置保持不变.由质心公式

$$x_C=\frac{mx_{人0}+m'x_{车0}}{m+m'}=\frac{mx_{人1}+m'x_{车1}}{m+m'}$$

坐标如问题 3-7 图所示,即 $0+m'\dfrac{L}{2}=ml+m'\left(l-\dfrac{L}{2}\right)$,可得

$$l=\frac{m'L}{m+m'},\quad l'=L-l=\frac{mL}{m+m'}$$

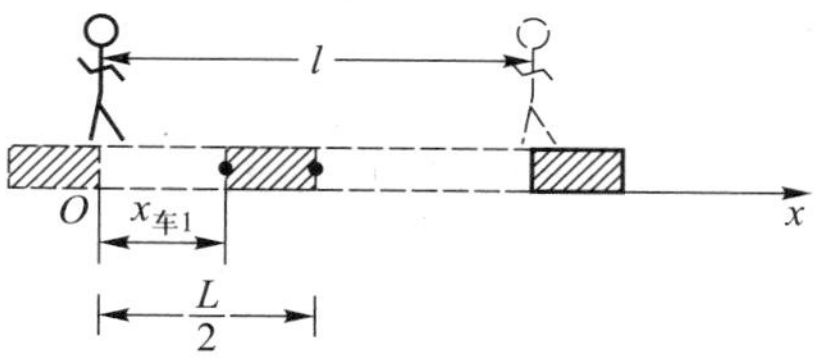

问题 3-7 图

3-8　人从大船上容易跳上岸,而从小舟上则不容易跳上岸了,这是为什么?

答:设人站在船尾,距离岸的长度为 l(见问题 3-8 图).若以相同的起跳角度跳上岸,则能够跳上岸的最小水平速率(相对于地面)是一定值.在此前提下讨

论本题问题.在能获得相同水平速率时,人相对于船的速率越大,表示跳上岸所需的蹬船力量越大(越吃力),反之,越省力.

设人相对于地面的水平速率为 v_0(恒定),船相对于地面的水平速率为 v',人相对于船的水平速率为 u.则由动量守恒定律和注意到方向问题后有

$$-m'v'+mv_0=0,\quad u=v_0+v'$$

可知

$$u=\left(1+\frac{m}{m'}\right)v_0$$

由此可知,在人的质量 m 一定时,船的质量 m'越大,u 越小;m'越小,u 越大.

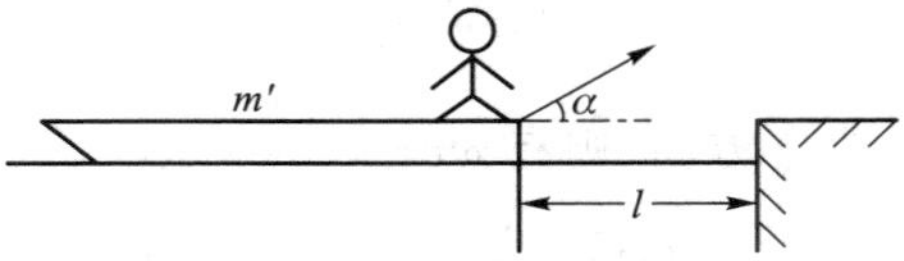

问题 3-8 图

3-9 三艘船的质量相同,且相距很近,以相同的速度鱼贯而行.突然中间的船同时向前后两船分别抛去质量相同的重物.这三艘船的运动情况各有何变化?设水的阻力略去不计.

答:若中船向前后船抛出重物的速度相同,则由动量定理可知各船的运动情况为:中船向前、后船抛出动量相同的物体,则自身速度不变;前船获得向前的动量,速度增加;后船获得向后的动量,速度减少,且前后两船的速度增加量等于减少量.若忽略水的阻力,三船总动量守恒,其质心速度即为中船速度,前后两船以相对于中船相同的速度远离中船.

3-10 合外力对物体所做的功等于物体动能的增量,而其中某一个分力做的功,能否大于物体动能的增量?

答:可以.设有两个力作用在物体上,且一个力做正功,一个力做负功,如问题 3-10 图所示.根据动能定理,$W^{ex}=W_1+W_2=|W_1|-|W_2|=\Delta E_k$,因此 $|W_1|=\Delta E_k+|W_2|>\Delta E_k$.

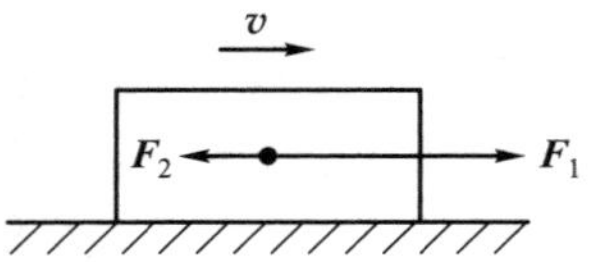

问题 3-10 图

3-11 质点的动量和动能是否与惯性系的选取有关?功是否与惯性系有关?质点的动量定理和动能定理是否与惯性系有关?请举例说明.

答:设一小车在水平面上,以速度 $\boldsymbol{u}$ 匀速运动,小车内有一小球,以 $\boldsymbol{v}'$ 相对于小车沿 $\boldsymbol{u}$ 的方向运动,如问题 3-11 图所示.在小车和地面上分别建立惯性坐标系 S′和 S,则小球在 S′系和 S 系中的速度大小分别为 v' 和 v,且 $v=v'+u$,加速度大小分别为 a' 和 a,且 $a=a'$,位移大小分别为 x' 和 x,且 $x=x'+ut$.

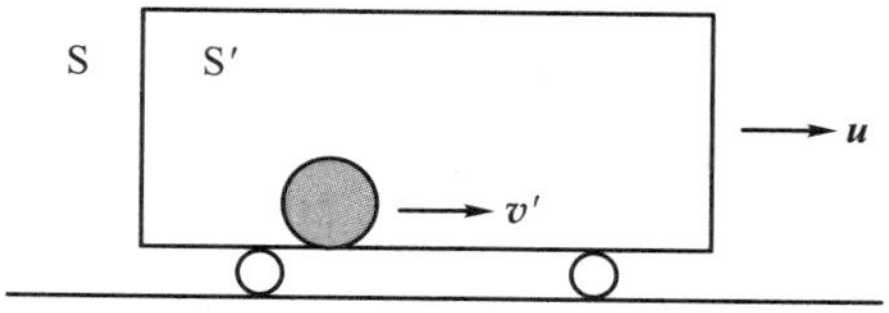

问题 3-11 图

（1）由于小球的速度与 S′系和 S 系有关，故动量 $\boldsymbol{p}=m\boldsymbol{v}\neq\boldsymbol{p}'=m\boldsymbol{v}'$ 与惯性系有关.

（2）显然，动能 $E_{\mathrm{k}}=\dfrac{1}{2}mv^2\neq E'_{\mathrm{k}}=\dfrac{1}{2}mv'^2$ 与惯性系有关.

（3）由于 $W=\int\boldsymbol{F}\cdot\mathrm{d}\boldsymbol{r}$，故 S′系中 $W'=\int F'\mathrm{d}x'$，S 系中 $W=\int F\mathrm{d}x$；因为 $\boldsymbol{a}=\boldsymbol{a}'$，所以 $\boldsymbol{F}=m\boldsymbol{a}=m\boldsymbol{a}'=\boldsymbol{F}'$，于是

$$W=\int F'\mathrm{d}(x'+ut')=\int F'\mathrm{d}x'+u\int F'\mathrm{d}t'=W'+u\int F'\mathrm{d}t'\neq W'$$

因此功也与惯性系有关.

（4）设在惯性系 S′中动能定理成立，即 $W'=\Delta E'_{\mathrm{k}}$，则在惯性系 S 中

$$W=W'+u\int F'\mathrm{d}t'$$

而

$$\Delta E_{\mathrm{k}}=\frac{1}{2}mv^2-\frac{1}{2}mv_0^2=\frac{1}{2}m(v'+u)^2-\frac{1}{2}m(v_0'+u)^2$$

$$=\left(\frac{1}{2}mv'^2-\frac{1}{2}mv'^2_0\right)+u(mv'-mv_0')$$

因为

$$W'=\frac{1}{2}mv'^2-\frac{1}{2}mv'^2_0,\quad u\int F'\mathrm{d}t'=u(mv'-mv_0')$$

所以

$$W=\Delta E_{\mathrm{k}}\neq W'=\Delta E'_{\mathrm{k}}$$

即质点的动能定理仍然与惯性系有关.

3-12　关于质点系的动能定理，有人认为可以这样得到，即："在质点系内，由于各质点间相互作用的力（内力）总是成对出现的，它们大小相等、方向相反，因而所有内力做功相互抵消.这样质点系的总动能增量等于外力对质点系做的功".显然这与质点系动能定理不符.错误出在哪里呢？

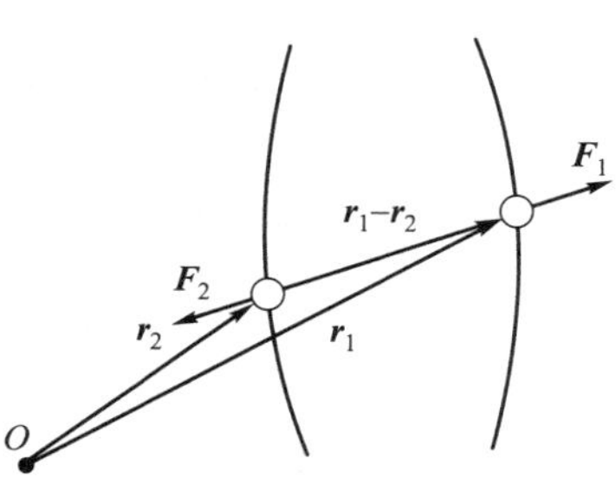

问题 3-12 图

答：错误在于命题中的因果关系不成立.

一对内力做的功一般不能相互抵消.如问题 3-12 图所示,考虑两个质点组成的质点系,$\mathrm{d}W_1=\boldsymbol{F}_1\cdot\mathrm{d}\boldsymbol{r}_1$,$\mathrm{d}W_2=\boldsymbol{F}_2\cdot\mathrm{d}\boldsymbol{r}_2$,虽然 $\boldsymbol{F}_2=-\boldsymbol{F}_1$,但一般 $\mathrm{d}\boldsymbol{r}_1\neq\mathrm{d}\boldsymbol{r}_2$,则 $\mathrm{d}W_1+\mathrm{d}W_2=\boldsymbol{F}_1(\mathrm{d}\boldsymbol{r}_1-\mathrm{d}\boldsymbol{r}_2)=\boldsymbol{F}_1\cdot\mathrm{d}(\boldsymbol{r}_1-\boldsymbol{r}_2)$.一般情况下,两质点间的相对位移 $\boldsymbol{r}_1-\boldsymbol{r}_2$ 是变化的,即 $\mathrm{d}(\boldsymbol{r}_1-\boldsymbol{r}_2)\neq0$,所以 $\mathrm{d}W_1+\mathrm{d}W_2\neq0$.如两质点间的弹簧内力做功不为零;对于刚体来说,$\boldsymbol{r}_1-\boldsymbol{r}_2$ 不变,即 $\mathrm{d}(\boldsymbol{r}_1-\boldsymbol{r}_2)=0$,内力做功为零.

3-13　在弹性限度内,如果将弹簧的伸长量增加到原来的两倍,那么弹性势能是否也增加为原来的两倍?

答:否.

因为如果以弹簧原长为弹性势能零点($x_0=0$),此时弹性势能公式为$\frac{1}{2}kx^2$(x 表示弹簧伸长量).当将弹簧的伸长量增加到原来的两倍,由上式知弹性势能增加为原来的四倍;如果不以弹簧原长为弹性势能零点,即以 $x_0\neq0$ 处为弹性势能零点,则当弹簧伸长为 x 时,此时的弹性势能为$\frac{1}{2}kx^2-\frac{1}{2}kx_0^2$.根据该式,如果将弹簧的伸长量增加到原来的两倍,那么弹性势能增加的倍数也不为两倍.

3-14　有两个同样的物体处于同一位置,其中一个水平抛出,另一个沿斜面无摩擦地自由滑下,问哪一个物体先到达地面?到达地面时两者速率是否相等?

答:水平抛出的物体先到达地面,且到达地面时两者的速率不相等.

方法一:机械能方法.

两种情况都只有重力做功,所以机械能都守恒.

(1) 当物体从距地面的高度为 h 的地方水平抛出时,物体到达地面的速率由$\frac{1}{2}mv_1^2=mgh+\frac{1}{2}mv_{0x}^2$确定,$v_{0x}$为物体水平抛出的速率,可得 $v_1=\sqrt{v_{0x}^2+2gh}$.物体下落的时间由 $h=\frac{1}{2}gt_1^2$ 确定,可得 $t_1=\sqrt{\frac{2h}{g}}$.

(2) 当物体沿斜面无摩擦地自由滑下时,物体到达地面的速度由$\frac{1}{2}mv_2^2=mgh$ 确定,所以 $v_2=\sqrt{2gh}<v_1$.物体下滑到达地面的时间 t_2,由 $s=\frac{1}{2}at_2^2$ 确定(s 为斜面的长度,a 为物体沿斜面下滑的加速度).设斜面的夹角为 α,且 $s\sin\alpha=h$,$mg\sin\alpha=ma$,可得 $t_2=\sqrt{\frac{2h}{g\sin^2\alpha}}>t_1$.

比较(1)、(2)两种情况,可知水平抛出的物体先到达地面,且到达地面时两者的速率不相等.

方法二：运动学方法.

（1）当物体水平抛出时，物体下落的时间由 $h=\frac{1}{2}gt_1^2$ 确定，所以 $t_1=\sqrt{\frac{2h}{g}}$. 物体到达地面的速度大小 $v_1=\sqrt{v_{0x}^2+v_y^2}$，$v_{0x}$ 为物体水平抛出的速率，$v_y=gt_1=\sqrt{2gh}$ 为物体落地时竖直向下的速率，所以 $v_1=\sqrt{v_{0x}^2+2gh}$.

（2）当物体沿斜面无摩擦地自由滑下时，物体下滑到达地面的时间 t_2，仍由 $s=\frac{1}{2}at_2^2$ 确定（s 为斜面的长度，a 为物体沿斜面下滑的加速度），设斜面的夹角为 α，而 $s\sin\alpha=h$，$mg\sin\alpha=ma$，所以 $t_2=\sqrt{\frac{2h}{g\sin^2\alpha}}>t_1$. 而物体下滑到达地面的速度大小 $v_2=at_2=g\sin\alpha\sqrt{\frac{2h}{g\sin^2\alpha}}=\sqrt{2gh}<v_1$. 比较（1）、（2）两种情况，所得结论与方法一相同.

3-15　如问题 3-15 图所示，光滑斜面与水平面间的夹角为 α.（1）一质量为 m 的物体沿斜面从点 A_1 下滑至点 C，重力所做的功是多少？（2）若物体从点 A_2 自由下落至点 B，重力所做的功又是多少？从所得结果你能得出什么结论（点 A_1、A_2 在同一水平线上）？

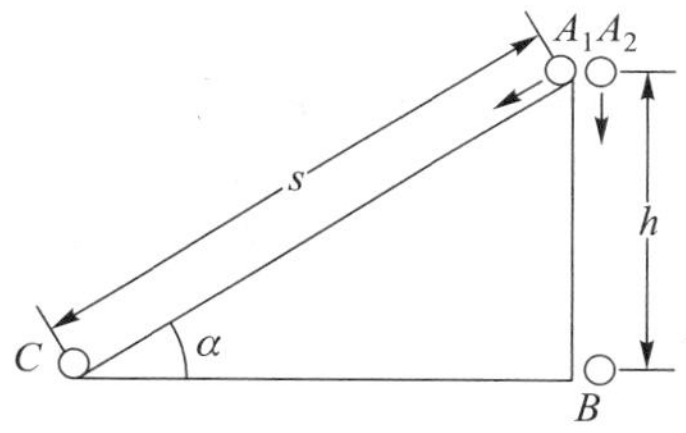

问题 3-15 图

答：（1）物体沿斜面从点 A_1 下滑至点 C 重力所做的功为

$$W=\int m\boldsymbol{g}\cdot \mathrm{d}\boldsymbol{s}=\int mg\sin\alpha \mathrm{d}s=mg\int \mathrm{d}h=mgh$$

（2）物体从点 A_2 自由下落至点 B 重力所做的功为

$$W=\int m\boldsymbol{g}\cdot \mathrm{d}\boldsymbol{h}=\int mg\mathrm{d}h=mg\int \mathrm{d}h=mgh$$

结论：该题物体所走路径不同，但只要物体运动的起始高度和末高度相同，经计算重力做功相同，这说明重力做功与路径无关，只与竖直高度差有关，重力是保守力.

3-16　保守力做的功总是负的，对吗？举例说明. 在式 $W=-\Delta E_\mathrm{p}$ 里，我们已经知道保守力做功等于势能增量的负值；若假定为正值，那又将如何呢？

答：不对，保守力做的功可以是正的，也可以是负的. 比如当物体自由下落时，重力做正功，而竖直上抛的物体，重力做负功. 在式 $W=-\Delta E_\mathrm{p}$ 里，我们已经知道保守力做功等于势能增量的负值；若假定为正值，即 $W=\Delta E_\mathrm{p}$，$\Delta E_\mathrm{p}=E_\mathrm{p2}-E_\mathrm{p1}$，

$E_{p_1}=E_{p2}-W$,该式表明物体所在处的势能定义为从该处移动物体至势能零点 $E_{p2}=0$ 处,保守力做功的负值.

3-17　把物体抛向空气中,有哪些力对它做功,这些力是否都是保守力?

答:把物体抛向空气中,通常物体受到重力、空气阻力和浮力的作用,但是浮力作用一般很小而被忽略.重力对物体做功,是保守力;空气阻力方向与运动方向相反,对物体做负功,且做功与路径有关,所以空气阻力为非保守力.

3-18　一质点 P 处于如问题 3-18 图所示的方形势阱底部.若有力作用在质点上,在什么情形下,此质点的运动可以不受方形势阱的束缚?在什么情形下,质点仍要受束缚?

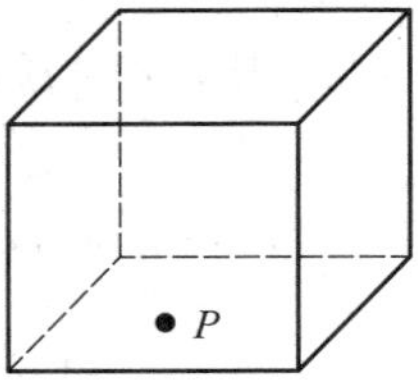

问题 3-18 图

答:只要在方形势阱内运动,没有碰到"势阱壁"以前,质点就不受束缚,当碰到"势阱壁"并且试图越过势阱时才受到束缚.

这是因为无论势能零点如何选择,势阱内的势能都是常量,则 $\boldsymbol{F}=-\nabla U=0$,所以,势阱内质点不受作用力;当质点接触到"势壁"时,由于 $\nabla U\neq 0$,且跃变值很大,质点将受到很强的作用力而被束缚.

3-19　举例说明用能量方法和用牛顿运动定律各自求解哪些力学问题较方便,哪些力学问题不方便.

答:理论上牛顿运动定律可以求解一切力学问题.然而不少力学问题常常会出现以下问题:对物体很难进行受力分析,如爆炸现象等;找到力,却发现力的表现形式很复杂,难积分,如碰撞中的撞击力等.这些问题用牛顿运动定律求解就不方便了,所以用牛顿运动定律求解问题时,只对那些方便进行受力分析,且力的表现形式简单且便于积分的力学问题较方便.

自然,在那些不便于用牛顿运动定律或者能用牛顿运动定律求解,但很烦琐的力学问题中,我们可以考虑用能量方法.当然我们在用能量方法考虑这些力学问题时,要看看这些力学问题里是否不需要了解位置信息,是否所受力大多为保守力.如果是这样,我们就可以在不分析受力细节的情况下用能量方法求解了.

3-20　在弹性碰撞中,有哪些量保持不变?在非弹性碰撞中,又有哪些量保持不变?

答:在弹性碰撞中,动能守恒,动量守恒;在非弹性碰撞中,动量守恒,动能不守恒.

3-21　在质点系的质心处,一定存在一个质点吗?

答:由质心对原点的位置矢量公式 $\boldsymbol{r}_C=\dfrac{\sum m_i\boldsymbol{r}_i}{\sum m_i}$知,质心位置是各质点位置的

平均值，所以在质心位置不一定存在质点. 如金刚石的正四面体结构，碳原子占据四面体各顶点，它们质心位置在正四面体的中心，而该中心无碳原子.

3-22　假设在宇宙空间站外面，两位宇航员甲和乙漂浮在太空中. 起先甲将扳手扔给乙，过后，乙又将此扳手扔还给甲. 试问他们的质心如何运动？

答：由宇航员甲、乙和扳手组成质点系统，该系统所受合外力 $\boldsymbol{F}^{\mathrm{ex}}$ 为零. 由质心运动定理 $\boldsymbol{F}^{\mathrm{ex}}=m\boldsymbol{a}_C$ 知 $\boldsymbol{a}_C=0$，即质心加速度为零，所以它们的质心运动速度 $\boldsymbol{v}_C$ 为常量，即质心将保持原来的运动状态，或静止，或沿 $\boldsymbol{v}_C$ 方向作匀速直线运动. 比如，宇航员甲和乙初始相对于某一惯性系静止，则它们的质心亦静止. 当甲、乙互扔扳手后，质心仍停留在原处，但两宇航员分别相对于质心以间断性恒定速度（扔扳手瞬间加速）向相反方向运动，不断远离.

三、解题感悟

以问题 3-12 为例进行分析.

（1）功是标量，其量值是力与位移的点积. 它的正、负取决于力与位移方向的夹角，不直接取决于力的方向.

（2）作用力与反作用力虽然大小相等，方向相反，但各自与位移点积之后，量值不一定相等.

第四章

刚体转动和流体运动

一、概念及规律

1. 刚体　刚体的运动

（1）**刚体**　受力时大小和形状保持不变的物体，是力学中一个理想的物理模型.

（2）**刚体的运动**　平动、转动（含定轴转动、定点转动）和平面平行运动等.

2. 刚体的定轴转动

刚体绕一固定轴转动，此时刚体上所有的点都绕一固定不变的直线作圆周运动. 描述刚体定轴转动的状态量有角位移、角速度、角加速度和角动量等.

3. 力矩　转动惯量　转动定律

（1）**力矩**　矢量，其定义为

$$\boldsymbol{M}=\boldsymbol{r}\times\boldsymbol{F}$$

式中，$\boldsymbol{r}$ 是力作用点相对于参考点的位矢. 力矩的大小为 $M=rF\sin\theta$，方向由右手螺旋定则判断.

（2）**转动惯量**　描述刚体在转动中惯性大小的物理量，计算公式为 $J=\sum_i(\Delta m_i r_i^2)$，对于质量连续分布的刚体，$J=\int r^2\mathrm{d}m$，其大小与刚体的质量、质量分布和转轴的选取有关.

（3）**转动定律**　刚体作定轴转动时所获得的角加速度与所受到的合外力矩成正比，与刚体的转动惯量成反比.

4. 质点的角动量　角动量定理及守恒定律

（1）**质点对参考点的角动量**　定义为 $\boldsymbol{L}=\boldsymbol{r}\times\boldsymbol{p}$，其中 $\boldsymbol{r}$ 为质点相对于参考点的位矢，$\boldsymbol{p}$ 为质点的动量.

（2）**质点的角动量定理**　$\boldsymbol{M}=\dfrac{\mathrm{d}\boldsymbol{L}}{\mathrm{d}t}$，即质点对参考点角动量的变化率等于质点所受的对该参考点的合外力矩.

（3）**质点的角动量守恒定律**　若质点所受到的对参考点的合外力矩为零，则质点对参考点角动量不变化，$\boldsymbol{L}$ 是常矢量.

5. 刚体定轴转动角动量　角动量定理及守恒定律

（1）**刚体定轴转动的角动量**　刚体作定轴转动时，所有的质点作圆周运动，故系统相对于该轴的角动量

$$L = \sum_i L_i = \sum_i m_i r_i^2 \omega = J\omega$$

（2）**刚体定轴转动的角动量定理**　刚体作定轴转动时，作用于刚体的合外力矩等于刚体对该轴角动量对时间的变化率，即 $M=\dfrac{\mathrm{d}L}{\mathrm{d}t}$.

（3）**刚体定轴转动的角动量守恒定律**　若刚体所受的合外力矩为零或刚体不受外力矩，则刚体的角动量保持不变，即 $L=$常量，或 $J_1\omega_1=J_2\omega_2$.

6. 刚体定轴转动时的力矩做功　动能定理

（1）**力矩做功**　刚体作定轴转动时，变力做的功可以用力矩做功 $W=\int M\mathrm{d}\theta$ 来表示.

（2）**刚体定轴转动的动能定理**　合外力矩对绕定轴转动刚体所做的功等于刚体转动动能的增量，即

$$W = \frac{1}{2}J\omega^2 - \frac{1}{2}J\omega_0^2$$

二、思考及解答

4-1　以恒定角速度转动的飞轮上有两个点，一个点在飞轮的边缘，另一个点在转轴与边缘之间的一半处.试问：在时间 Δt 内，哪一个点运动的路程较长？哪一个点转过的角度较大？哪一点具有较大的线速度、角速度、线加速度和角加速度？

答：刚体绕定轴转动时，刚体内任意各点具有相同的角位移、角速度、角加速度；各点的线速度、线加速度与角量之间的关系为：$v=r\omega$，$a_t=r\alpha$，$a_n=r\omega^2$.所以飞轮边缘处的点，运动的路程较长；两点转过的角度一样大；边缘处的点具有较大的线速度、线加速度，两点的角速度、角加速度一样大.

4-2　如果一个刚体所受合外力为零，其合力矩是否也一定为零？如果一个刚体所受合外力矩为零，其合外力是否也一定为零？

答：合外力为零时，其合力矩不一定为零，如力偶［见问题 4-2 图(a)］.合外力矩为零时，其合外力不一定为零，如问题 4-2 图(b)所示，刚体绕定轴 O 在纸平面内转动，其中 $r_1=2r_2$，$F_2=2F_1$，其合力矩 $M=F_1r_1-F_2r_2=0$，但其合力 $F=F_1+F_2=3F_1\neq0$.

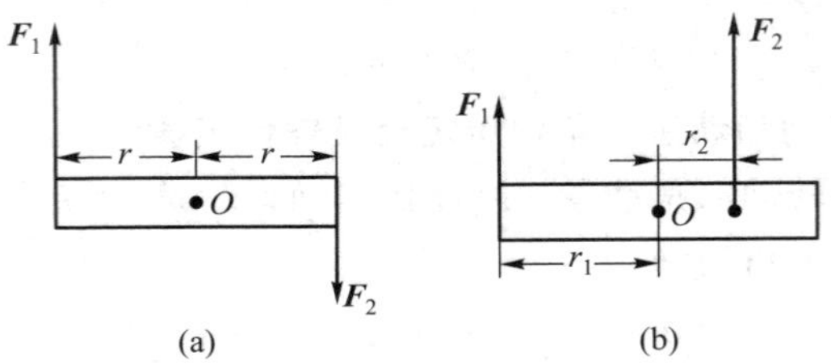

问题 4-2 图

*4-3　在某一瞬时,物体在力矩作用下,其角速度可以为零吗? 其角加速度可以为零吗?

答:由刚体转动定律 $M=J\alpha$ 及角加速度定义 $\alpha=\mathrm{d}\omega/\mathrm{d}t$ 知,在某一瞬时,物体在力矩作用下,角加速度不可以为零.而由 $\omega_t=\omega_0+\int_0^t\alpha\mathrm{d}t$ 分析可知有两种情况,① 当刚体初始无转动时,则 t_0 时刻受力矩作用时,角速度为零;② 若初始刚体在转动,则当 t 时刻 $\int_0^t\alpha\mathrm{d}t=-\omega_0$ 时,$\omega_t=0$,即角速度仍可以为零.

4-4　两个飞轮,一个是木制的,周围镶上铁制的轮缘,木制部分的质量为 $m_木$,铁制部分的质量为 $m_铁$;另一个是铁制的,周围镶上木制的轮缘,铁制部分的质量为 $m'_铁$,木制部分的质量为 $m'_木$.若这两个飞轮的半径 R 相同,$m_木+m_铁=m'_铁+m'_木=m_总$,且 $m'_铁>m_木$,以相同的角速度绕通过飞轮中心的轴转动,哪一个飞轮的动能较大?

答:由转动动能 $E_k=\frac{1}{2}J\omega^2$ 可知,当两者的 ω 相同时,J 越大的飞轮,其 E_k 越大.由 $J=\int r^2\mathrm{d}m$ 可得木制飞轮的转动惯量为

$$J_木=\frac{1}{2}m_木R^2+m_铁R^2=\left(\frac{1}{2}m_木+m_铁\right)R^2$$
$$=\left(m_总-\frac{1}{2}m_木\right)R^2$$

而铁制飞轮的转动惯量为

$$J_铁=\frac{1}{2}m'_铁R^2+m'_木R^2=\left(\frac{1}{2}m'_铁+m'_木\right)R^2$$
$$=\left(m_总-\frac{1}{2}m'_铁\right)R^2$$

由于两个飞轮的半径相同,且 $\frac{1}{2}m'_铁>\frac{1}{2}m_木$,所以 $J_木>J_铁$,即木制边镶铁的飞轮动

能较大.

4-5　为什么质点系动能的改变不仅与外力有关,而且也与内力有关,而刚体绕定轴转动动能的改变只与外力矩有关,而与内力矩无关呢?

答:根据质点系的动能定理,系统的动能变化等于质点系外力和内力做功和.因为对质点系而言,内力做功之和不一定为零(参见问题 3-12);而对刚体而言,因质点间相对位移始终为零,故内力矩做功之和一定为零.所以,质点系的动能与内力有关,而刚体的转动动能与内力矩无关.

4-6　斜面与水平面的夹角为 θ.在斜面上分别放置一个薄圆盘和一个细圆环,它们的质量均为 m、半径均为 R.它们分别从斜面上同一点自由向下作无滑动滚动.试问它们滚到斜面底部时的角加速度、角速度是否相同? 它们边缘上一点的线加速度和线速度是否相同? 其原因何在?

答:设薄圆盘、细圆环的物理量下标分别记作 1、2.

方法一:由机械能守恒和运动学量关系分析.

因机械能守恒有

$$\frac{1}{2}mv_1^2+\frac{1}{2}J_1\omega_1^2=\frac{1}{2}mv_2^2+\frac{1}{2}J_2\omega_2^2$$

由运动学关系 $v=R\omega$ 得

$$\frac{\omega_1^2}{\omega_2^2}=\frac{1+\dfrac{J_2}{mR^2}}{1+\dfrac{J_1}{mR^2}}$$

因

$$J_2=mR^2>J_1=\frac{1}{2}mR^2$$

所以角速度关系为

$$\omega_1>\omega_2$$

由无滑动滚动的条件 $v=R\omega$ 得,线速度关系为

$$v_1>v_2$$

则质心加速度必有

$$a_1>a_2$$

又由无滑动滚动的条件 $a=R\alpha$ 得,角加速度关系为

$$\alpha_1>\alpha_2$$

方法二:由动力学方程和运动学关系分析.

无滑动滚动的动力学和运动学方程如下:

$$\begin{cases} mg\sin\theta - F_f = ma \\ F_f R = J\alpha \\ a = R\alpha \end{cases}$$

得

$$a = \frac{g\sin\theta}{1+\dfrac{J}{mR^2}}$$

因

$$J_2 = mR^2 > J_1 = \frac{1}{2}mR^2$$

所以 $a_1 > a_2$,则分别可以推知

$$\begin{cases} \alpha_1 > \alpha_2 \\ v_1 > v_2 \\ \omega_1 > \omega_2 \end{cases}$$

上述结果还可如下得出:薄圆盘的转动惯量小于细圆环,在重力相对于瞬心力矩相同的两种情况下,前者转动加速度 α 就大,在考虑其他运动学关系后就可以得出上述结论.

4-7　对一个绕定轴转动的刚体来说,如果它受到两个外力的合力为零,这两个力的力矩也为零吗? 反之,如两外力的力矩为零,它们的合力也为零吗?

答:都不一定.第一种情况,只要这两个力的力线不通过轴,这两个力无论是共点力(或共线力)、还是平行力,合力为零都不会使这两个力各自对轴的力矩为零,只是前者的合力矩等于零,后者的合力矩等于力偶矩;第二种情况,两外力的大小、方向都不一样的话,即使每个力的力矩为零(力线通过轴)也不能使他们的合力为零,除非这两个力共线,且大小相等,方向相反,则合力为零;总之,合力、力矩、合力矩是三个不同概念物理量,一般不能由其中一个物理量为零而得到另一个物理量也为零的结论.

4-8　两个质量和半径均相同的轮子,一个为质量均匀分布的圆盘形,另一个为质量均匀分布的圆环形.它们的转轴均通过中心且垂直于盘面或环面.如果它们的角动量相同,哪个转得快些? 如果它们的角速度相同,哪个角动量要大些呢?

答:参见问题 4-6 解答可知,圆盘的转动惯量小于圆环的转动惯量,因此当角动量相同时,圆盘比圆环转得快;当角速度相同时,圆环的角动量比圆盘的大.我们时常在自行车赛场上看到,比赛用的自行车车轮往往是圆盘而不是圆环,大概就是为了获得更大的转速.

4-9 一人手持长为 l 的棒的一端打击岩石，但又要避免手受到剧烈的冲击. 请问：此人应当用棒的哪一点去打击岩石？

答：设棒匀质，手持棒的一端，设为 O 点，棒打击岩石的位置 A 距端点 O 的距离为 l'. 打击岩石的瞬间，此棒绕 O 端定轴转动. 受力分析如问题 4-9 图所示，$\boldsymbol{F}_{Nx}$、$\boldsymbol{F}_{Ny}$ 为棒受到的手对它的作用力，$\boldsymbol{F}$ 为棒打击岩石时，岩石对棒上点 A 处的作用力. 由刚体定轴转动定律及质心运动方程，得

$$\begin{cases} Fl' = J\alpha \\ F + F_{Nx} = ma_{Cx} = m\alpha \dfrac{l}{2} \\ F_{Ny} = mg + m\dfrac{v^2}{\rho} \end{cases}$$

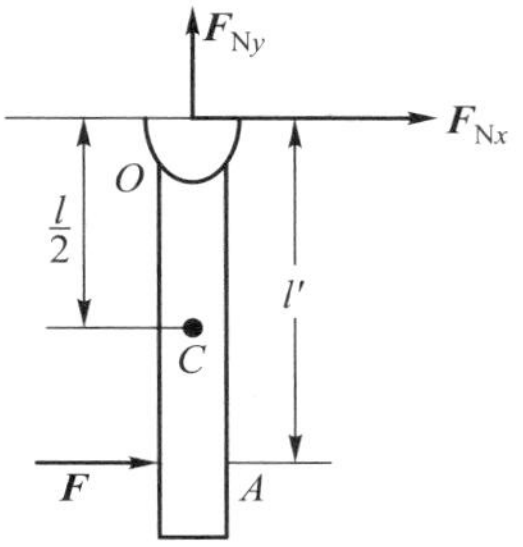

问题 4-9 图

由上述三式及 $J=\dfrac{1}{3}ml^2$ 可解得 $F_{Nx}=F\dfrac{3l'-2l}{2l}$. 当 $F_{Nx}=0$ 时，手受冲击最小，即 $l'=\dfrac{2}{3}l$，此处即为打击中心.

4-10 开普勒第二定律指出：“太阳系里的行星在椭圆轨道上运动时，在相等的时间内，太阳到行星的位矢扫过的面积是相等的.”你能用质点的角动量守恒定律证明吗？

答：因为太阳提供行星轨道运动的吸引力指向太阳，所以相对于太阳，行星的角动量 L 为常量. 如问题 4-10 图所示，设行星的质量为 m，它相对太阳所在的 O 点的位矢为 $\boldsymbol{r}$. 由角动量守恒定律有

$$L = mr^2 \frac{d\varphi}{dt} = 常量 \tag{1}$$

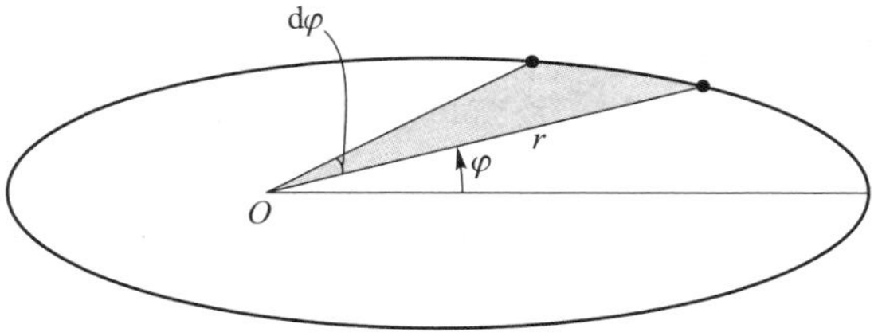

问题 4-10 图

而行星在 dt 时间内位矢扫过的面积 dS 为

$$dS = \frac{1}{2}r^2 d\varphi \tag{2}$$

由式(1)和式(2)可得

$$\frac{\mathrm{d}S}{\mathrm{d}t}=\frac{1}{2}\frac{L}{m}=\text{常量}$$

即单位时间内位矢扫过的面积相等,结果得证.

4-11 如果一个质点系的总角动量等于零,能否说此质点系中每一个质点都是静止的?如果一个质点系的总角动量为一常量,能否说作用在质点系上的合外力为零?

答:由于 $\boldsymbol{L}=\boldsymbol{r}\times\boldsymbol{p}=\boldsymbol{r}\times(m\boldsymbol{v})$,所以,角动量不仅取决于位矢 $\boldsymbol{r}$、动量 $m\boldsymbol{v}$ 的量值,还取决于位矢与动量之间的夹角(取向).总角动量为零,可以有两种情况:第一,每一质点的角动量都不为零,但总和为零,则每一质点不可能静止;第二,每一质点的角动量都为零,此时,可以是每一质点都静止,也可以是位矢与速度相互平行.综上可知,每一质点不一定都静止.此外,角动量守恒的条件是合外力矩为零,但此条件下,合外力不一定是零.反之,合外力等于零,合外力矩又不一定为零,见问题 4-2 讨论.

4-12 一人坐在角速度为 ω_0 的转台上,手持一个旋转着的飞轮,其转轴垂直地面,角速度为 ω'.如果突然使飞轮的转轴倒转,将会发生什么情况?设转台和人的转动惯量为 J,飞轮的转动惯量为 J'.

答:如果原角速度 ω_0、ω'的方向一致,由于人、转台和飞轮组成的系统所受外力对转轴的合力矩为零,所以角动量守恒,即 $J\omega_0+J'\omega'=J\omega-J'\omega'$,于是转台角速度 ω 增大.另一种情况是角速度 ω_0、ω'方向相反,那么有 $J\omega_0-J'\omega'=J\omega+J'\omega'$则转台角速度 ω 减小.

4-13 下面几个物理量中,哪些与原点的选择有关,哪些与原点的选择无关:(1) 位矢;(2) 位移;(3) 速度;(4) 角动量.

答:位移、速度与参考系选择有关,与坐标原点选择无关;位矢、角动量既与参考系选择有关,也与坐标原点选择有关.

4-14 卫星绕地球运动.设想卫星上有一个窗口,此窗口背离地球.若欲使卫星中的宇航员依靠自己的能力,从窗口看到地球,这位宇航员怎样做才能使窗口朝向地球呢?

答:由角动量守恒,人从面对窗口的方向绕卫星对称轴转(走)半圈,即可达到目的.

***4-15** 一密度均匀的小球,沿两个高度相同、倾角不同的斜面无滑动地滚下.在这两种情况下,它们到达斜面底部的速率是否相同?

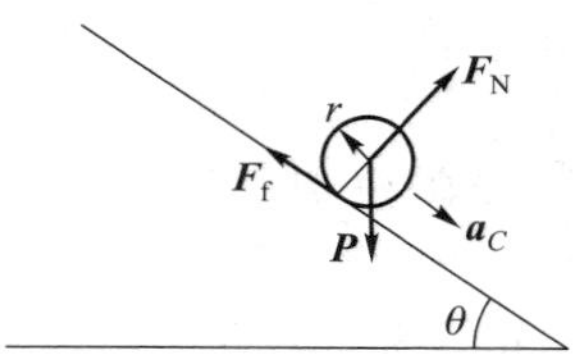

问题 4-15 图

答:相同.

方法一:小球受静摩擦力 $\boldsymbol{F}_f$,支持力 $\boldsymbol{F}_N$,重力 $\boldsymbol{P}$,如问题 4-15 图所示.

$$\begin{cases} mg\sin\theta - F_f = ma_C \\ F_N - mg\cos\theta = 0 \\ F_f r = J_C\alpha \\ a_C = r\alpha \end{cases}$$

$$J_C = \frac{2}{5}mr^2$$

所以

$$a_C = \frac{5}{7}g\sin\theta,\quad v_C^2 = 2a_C s = \frac{10}{7}gh$$

式中 s 为斜面长度,h 为斜面高度.v_C 与斜面倾角 θ 无关.

方法二: 由于小球从斜面顶端滚下时,机械能守恒,则有

$$mgh = \frac{1}{2}mv_C^2 + \frac{1}{2}JW^2 = \frac{1}{2}m\left(1 + \frac{J}{mr^2}\right)v_C^2 = \frac{7}{10}mv_C^2$$

其中,$v_C = r\omega$,$J = \frac{2}{5}mr^2$,所以

$$v_C^2 = \frac{10}{7}gh$$

4-16 如问题 4-16 图所示,圆盘在平面上滚动时,若以圆盘与平面的接触点来计算,其动能为多少?

答: 若圆盘的质量为 m,半径为 R,由平行轴定理易得圆盘绕接触点的转动惯量 $J = \frac{3}{2}mR^2$.设圆盘转动角速度为 ω,因为圆盘只滚不滑,所以接触点为瞬心,圆盘相对于瞬心只有转动,则动能就只有转动动能 $E_k = \frac{1}{2}J\omega^2 = \frac{3}{4}mR^2\omega^2$.

问题 4-16 图

这与相对于质心的动能(质心平动动能加绕质心转动动能)计算结果一致.

*4-17 水在截面均匀的管中流动,若改变管的方位,会不会影响各截面处的流速?

答: 只要管径不发生变化,由于水的不可压缩性,水流量必须处处相等,因此截面均匀的管子中水的流速不会改变.

4-18　在时间 Δt 内,组合刚体的定轴转动惯量由 J_1 变为 J_2,转速由 ω_1 变到 ω_2.由角动量定理可知,合外力矩 $\boldsymbol{M}$ 的冲量为 $\int_{t_1}^{t_2}\boldsymbol{M}\mathrm{d}t=J_2\boldsymbol{\omega}_2-J_1\boldsymbol{\omega}_1$,即式(4-22b)成立.那么,请思考在同样情况下,合外力矩所做的功是否可写为 $\int_{\theta_1}^{\theta_2}M\mathrm{d}\theta=\frac{1}{2}J_2\omega_2^2-\frac{1}{2}J_1\omega_1^2$,即式(4-28)是否还成立?

答: 一般不再成立.因为式(4-28)实际上是定轴转动的动能定理,在单一刚体情况下,内力不做功,所以只有外力矩做功等于动能的变化.但在组合刚体情况下,若转动惯量改变一般会有内力做功.比如,芭蕾舞演员旋转时肢体伸展过程中,总的转动惯量发生改变,从而转速、动能发生改变,这其中一定伴随内能通过内力做功转化为动能.此时若还是以外力矩做功表征刚体的动能改变,实际上就少了内力做功一项,因而 $\int_{\theta_1}^{\theta_2}M\mathrm{d}\theta=\frac{1}{2}J_2\omega_2^2-\frac{1}{2}J_1\omega_1^2$ 不成立.换言之,式(4-28)只适合于单一刚体情形.

三、解题感悟

以问题 4-9 为例进行分析.

(1) 刚体定轴或平面平行运动一类问题的典型解题方法是用好"两个规律"和"一个条件".具体地说,要用好"转动定理""质心运动定理""几何约束条件"这三个方程,本题的解答正是使用了这三个方程.

(2) 在刚体(棒)被碰撞这类问题中,往往被撞瞬间,角速度、线速度、角加速度、线加速度都不为零.因为刚体传递作用时间无限短.因此本题解答中的第三个方程中的质心向心加速度 $\left(\frac{v^2}{\rho}\right)$ 中的线速度不为零.

(3) "打击中心"是一个很有实用意义的概念,在"门贴"等一些需要尽量避免(减少)碰撞力的实用场所很有用①.

---

① 可参阅马文蔚等主编的《物理学原理在工程技术中的应用》(第四版)一书中"门的制动器"这部分内容(高等教育出版社,2015 年).

第五章

静　电　场

一、概念及规律

1. 点电荷　电荷守恒　库仑定律

（1）**点电荷**　若带电体的尺寸相对于所研究的问题可以忽略时，可以把带电体看作一个带电的点.点电荷是电学中一个理想化的物理模型.

（2）**电荷守恒定律**　孤立带电体或带电系统中电荷的分布可以改变，但电荷总和保持不变.

（3）**库仑定律**　真空中距点电荷 q_1 为 r 的点电荷 q_2 受到点电荷 q_1 的作用力

$$\boldsymbol{F}=\frac{1}{4\pi\varepsilon_0}\frac{q_1q_2}{r^2}\boldsymbol{e}_r$$

式中，$\boldsymbol{e}_r$ 为 q_1 指向 q_2 的单位矢量，ε_0 为真空电容率，$\varepsilon_0=8.85\times10^{-12}\ \mathrm{F\cdot m^{-1}}$.

2. 电场强度　电势及其叠加原理

（1）**电场强度**　若试验电荷 q_0 在电场中某点所受到的作用力为 $\boldsymbol{F}$，则定义 $\boldsymbol{E}=\dfrac{\boldsymbol{F}}{q_0}$为 q_0 所在处的电场强度.它是电场的客观物理量，与试验电荷的大小无关.

（2）**电场叠加原理**　空间某点的电场强度为所有电荷独立存在时在该点产生的电场强度的矢量和，即 $\boldsymbol{E}=\sum\limits_i\boldsymbol{E}_i$.对于电荷连续分布的带电体，$\boldsymbol{E}=\int\mathrm{d}\boldsymbol{E}$.

（3）**电势**　电势是从能量角度反映电场性质的物理量.空间某点的电势定义为将单位电荷从该点移到电势零点电场力所做的功.

$$V_A=\frac{E_{\mathrm{p}A}}{q_0}=\int_A^C\boldsymbol{E}\cdot\mathrm{d}\boldsymbol{l}\quad（C\text{ 为电势零点}）$$

（4）**电势叠加原理**　空间某点的电势为所有电荷独立存在时在该点产生电

势的代数和,即 $V=\sum_i V_i$.对于电荷连续分布的带电体,$V=\int \mathrm{d}V$.

3. 静电场中的高斯定理和环路定理

(1) **静电场的高斯定理**　在真空中的静电场中,通过任意闭合曲面的电场强度通量等于该闭合面内所含电荷的代数和的$\frac{1}{\varepsilon_0}$倍,即

$$\Phi_e=\oint_S \boldsymbol{E}\cdot \mathrm{d}\boldsymbol{S}=\frac{1}{\varepsilon_0}\sum_i q_i$$

高斯定理表明静电场是有源场.

(2) **静电场的环路定理**　在静电场中,电场强度沿任意闭合路径的线积分为零,即

$$\oint_l \boldsymbol{E}\cdot \mathrm{d}\boldsymbol{l}=0$$

环路定理表明静电场是保守场(无旋场).

4. 电场强度与电势梯度的关系

有如下关系:

$$\boldsymbol{E}=-\nabla V$$

5. 求解电场强度的几种方法

(1) 已知空间电荷分布,可用电场强度叠加原理计算电场强度.

(2) 若已知空间电荷分布,电荷分布具有高度对称性,则可利用高斯定理来计算电场强度.

(3) 若已知空间电势分布,可利用电势梯度来计算电场强度 $\boldsymbol{E}=-\nabla V$.

二、思考及解答

5-1　什么是电荷的量子化?你能举出其他量子化的物理量吗?

答:电荷的量子化是指电荷只能取离散的、不连续量值的性质.其最小量值为 $e=1.602\times10^{-19}\mathrm{C}$(取近似值),带电体的电荷 $Q=ne(n=1,2,3,\cdots)$.

其他量子化的物理量有:氢原子的能级与轨道,两端固定的弦上形成驻波时驻波的频率等.

5-2　两静止点电荷之间的相互作用力遵守牛顿第三定律吗?

答:两静止点电荷之间的库仑力遵守牛顿第三定律.若点电荷运动,且 $v\sim c$ 时,考虑到传递相互作用的场需要有一定的传播速度,同一时刻所测得的 $\boldsymbol{F}_{12}$和$\boldsymbol{F}_{21}$并不是两电荷同时施与另一电荷的作用力,所以 $\boldsymbol{F}_{12}$ 和 $\boldsymbol{F}_{21}$ 不遵守牛顿第三定律.

5-3　设电荷均匀分布在一空心的球面上，若把另一点电荷放在球心上，这个电荷能处于平衡状态吗？如果把它放在偏离球心的位置上，又将如何呢？

答：均匀带电球面内的电场强度为零.因为把另一点电荷放在球心上时，不会改变均匀带电的分布，所以这个电荷能处于平衡状态.如果点电荷放在偏离球心的位置上，假如仍不会改变带电球面上电荷分布的均匀性，这个电荷仍能处于平衡状态；假如使带电球面上电荷分布发生变化（如该带电球面为金属时，内表面电荷分布变得不均匀），从而带电球面上电荷所激发的电场在该电荷处不为零，点电荷就不能处于平衡状态了.

5-4　在电场中某一点的电场强度定义为 $\boldsymbol{E}=\dfrac{\boldsymbol{F}}{q_0}$.若该点没有试验电荷，那么该点的电场强度又如何？为什么？

答：公式 $\boldsymbol{E}=\dfrac{\boldsymbol{F}}{q_0}$ 只是电场中某一点的电场强度的定义式，此式表明电场中某点处的电场强度 $\boldsymbol{E}$ 数值和方向等价于位于该点处的单位正试验电荷所受的电场力.电场强度是描写电场力的性质的物理量，与电场中有无试验电荷无关，电场是电荷在其周围空间所激发的“特殊”物质，电荷间的相互作用通过电场来实现.因此若电场中某点没有试验电荷并不影响该点应有的电场强度.

5-5　有人说，点电荷在电场中一定是沿电场线运动的，电场线就是电荷的运动轨迹，这样说对吗？为什么？

答：分两种情况讨论.

（1）若点电荷仅受该电场力作用，则一般不可能沿电场线运动.

电场线一般是曲线，假设点电荷在电场中沿电场线运动，则点电荷作曲线运动.物体作曲线运动的必要条件是受法向作用力，由于电场方向沿切线方向，所以点电荷只受切向电场力，无法向分量，这违背了作曲线运动的条件，因而假设有误.特殊情况下，在匀强电场（或非均匀辐射场）中，且点电荷初速为零，可以沿电场线运动.

（2）若点电荷还受其他力作用，则有可能沿电场线运动.

只要其他力能提供沿电场曲线运动的法向力，即有可能使点电荷沿电场线运动.

5-6　我们分别介绍了静电场的库仑力的叠加原理和电场强度的叠加原理.这两个叠加原理是彼此独立没有联系的吗？

答：对静电场而言，这两个叠加原理是互为因果关系的.如果说库仑力的叠加原理更基本，则可由此推出电场强度的叠加原理，反之亦然.但对瞬变场而言，场的叠加原理更基本，且二者并无直接的因果关系（参见电动力学有关内容）.

5-7 在点电荷的电场强度公式 $\boldsymbol{E}=\frac{1}{4\pi\varepsilon_0}\frac{q}{r^2}\boldsymbol{e}_r$ 中，如果 $r\to0$，则电场强度 E 将趋于无限大.对此，你有什么看法呢？

答：实际上，“点电荷”是一种理想模型，只有当带电体本身的线度 d 远比所研究的问题中涉及的距离 r 小很多时，带电体才能近似地当作是“点电荷”.

因此，当讨论 $r\to0$，或者说 r 小于点电荷本身的线度时，就不能再把电荷看作点电荷，其电场强度公式自然就不再是点电荷的形式.比较恰当的是把电荷看作均匀分布的球体，其半径为 R，则内部的电场强度为

$$\boldsymbol{E}=\frac{Q\boldsymbol{r}}{4\pi\varepsilon_0R^3}$$

此时，当 $r\to0$ 时，$E\to0$，就避免出现无穷大的情况了.

5-8 电场是矢量场，你能列出另外两个矢量场的名字来吗？如果你目前尚列不出，学完大学物理后应当能列出来，对吗？

答：磁场、重力场等.

5-9 在均匀电场中，一点电荷由静止释放，它能沿电场线运动吗？如把点电荷放在非均匀电场中，结果又如何呢？

答：均匀电场中，一点电荷不受其他力的作用，由静止释放，它能沿电场线运动.而在非均匀电场中，一般并不沿电场线运动，除非有其他外力作用（参见问题 5-5 解答）.

5-10 电场线能相交吗？为什么？

答：电场中某一点的电场强度大小方向都是唯一的.假设同一电场中，有两条电场线相交于一点 O，则过交点 O 可分别作两条电场线的切线，即 O 点的电场强度方向有两个，显然与实际不符.当然，若考虑到电场强度叠加原理，各分电场线是可以相交的.

5-11 如果在一曲面上每点的电场强度 $\boldsymbol{E}=0$，那么穿过此曲面的电场强度通量 Φ_e 也为零吗？如果穿过曲面的电场强度通量 $\Phi_e=0$，那么，能否说此曲面上每一点的电场强度 $\boldsymbol{E}$ 也必为零呢？

答：如果 $\boldsymbol{E}=0$，则 $\Phi_e=\int_S\boldsymbol{E}\cdot\mathrm{d}\boldsymbol{S}=0$ 是必然的.因为积分函数为零，积分一定为零.

反之，如果 $\Phi_e=\int_S\boldsymbol{E}\cdot\mathrm{d}\boldsymbol{S}=0$，却不能说此曲面上每一点的电场强度 $\boldsymbol{E}$ 也必为零.因为，积分为零，积分函数不一定为零.实际上这种情况有可能是通量的代数和为零，即穿过该曲面的电场线净条数为零.

5-12 若穿过一闭合曲面的电场强度通量不为零，则在此闭合曲面上的电

场强度是否一定处处不为零？

答：如果 $\Phi_e=\oint_S \boldsymbol{E}\cdot \mathrm{d}\boldsymbol{S}\neq 0$，则此闭合曲面上的电场强度不可能处处为零，但也不一定是处处不为零．只要保证有些地方 $\boldsymbol{E}\neq 0$、$\boldsymbol{E}\cdot \mathrm{d}\boldsymbol{S}\neq 0$，且 $\boldsymbol{E}\cdot \mathrm{d}\boldsymbol{S}$ 的求和不为零，某些地方 $\boldsymbol{E}=0$ 是可以的．比如一个导体表面带电系统，封闭面的一部分在导体内，另一部分在导体外．通过此封闭面的电场强度通量不为零，但处于导体内的那部分面上的电场强度就是处处为零的．

5-13　在高斯定理 $\oint_S \boldsymbol{E}\cdot \mathrm{d}\boldsymbol{S}=\sum q/\varepsilon_0$ 中，$\sum$q 是闭合曲面内的电荷代数和，那么，闭合曲面上每一点的电场强度 $\boldsymbol{E}$ 是否仅由 $\sum q$ 所确定？

答：闭合曲面上每一点的电场强度 $\boldsymbol{E}$ 应由闭合曲面内、外的电荷共同确定．

5-14　如果在一高斯面内没有净电荷，那么，此高斯面上每一点的电场强度 $\boldsymbol{E}$ 必为零吗？穿过此高斯面的电场强度通量又如何呢？

答：高斯面上每一点的电场强度 $\boldsymbol{E}$ 不一定为零，因为题设条件只保证高斯面上电场强度通量为零，并非 $\boldsymbol{E}$ 为零，也不排除高斯面之外存在电荷的情况．而穿过此高斯面的电场强度通量为零，仅表明电场线穿进、穿出高斯面的条数相同．

5-15　一点电荷放在球形高斯面的球心处．试讨论下列情形中电场强度通量的变化情况：(1) 若此球形高斯面被一与它相切的正方体表面所代替；(2) 点电荷离开球心，但仍在球内；(3) 另一个电荷放在球面外；(4) 另一个电荷放在球面内．

答：(1) 不变，因为高斯面内电荷无变化，只是每一个面上各点的电场强度不等，具有立方对称性．

(2) 不变，因为高斯面内电荷无变化，只是破坏了场强的球对称性．

(3) 不变，因为高斯面内电荷无变化，只是破坏了合场强的球对称性．

(4) 变化，因为高斯面内电荷发生变化，且破坏了合场强的球对称性．

5-16　在应用高斯定理计算电场强度时，高斯面应怎样选取？

答：在应用高斯定理积分表达式计算电场强度时，选取合适的高斯面之前要分析电场(或者电荷)分布的对称性，一般来说，有什么样的电场对称性，就要取什么样的高斯面．比如，电场具有球对称性，就要取球面为高斯面；电场具有轴对称性，相应取圆柱面为高斯面．从而可使高斯定理中的 $\boldsymbol{E}$ 成为常量而容易处理．

5-17　下列几个带电体能否用高斯定理来计算电场强度？为什么？作为近似计算，应如何考虑呢？(1) 电偶极子；(2) 长为 l 的均匀带电直线；(3) 半径为 R 的均匀带电圆盘．

答：(1) 不能.

(2) 不能.但作为近似计算,可以考虑用高斯定理求解均匀带电直线附近的电场,这时有限长的均匀带电直线可近似为无限长均匀带电直线.

(3) 不能.但作为近似计算,可以考虑用高斯定理求解带电圆盘附近的电场,这时半径为 R 的均匀带电圆盘可近似为无限大均匀带电平面.

5-18　静电场与万有引力场一样,都是保守场.你能像得出与静电场的高斯定理那样,得出万有引力场的高斯定理吗?

答:静电场中的高斯定理是依据电荷作用力与距离平方成反比而得出的.引力场中的质元间的作用亦如此.所以可以想象,引力场中也一定有类似的"引力场高斯定理",但只有类似于负电荷场的高斯定理.即引力场中的封闭面通量取负值(只有力线穿进,无力线穿出).形式为 $\oint \boldsymbol{E}_{引} \cdot \mathrm{d}\boldsymbol{S} = -4\pi G \sum_i \mathrm{d}m_i$,式中,$\mathrm{d}m_i$ 为质元,G 为引力常量.

下面用"对比法"推论引力场中的"高斯定理".

引进"引力场强 $\boldsymbol{E}_{引} = \dfrac{\boldsymbol{F}_{引}}{m}$".对"点引力源 m_i"而言

$$\boldsymbol{E}_{引} = -G\frac{m_i m}{r^2}\boldsymbol{e}_r / m = -G\frac{m_i}{r^2}\boldsymbol{e}_r$$

负号表示"引力",对比"点电荷源 q_i"电场强度

$$\boldsymbol{E}_{电} = \frac{1}{4\pi\varepsilon_0}\frac{q_i q}{r^2}\boldsymbol{e}_r / q = \frac{1}{4\pi\varepsilon_0}\frac{q_i}{r^2}\boldsymbol{e}_r$$

知

$$m_i \longleftrightarrow q_i$$

$$-G \longleftrightarrow \frac{1}{4\pi\varepsilon_0}$$

引进引力场中的"电容率 ε'"有

$$\varepsilon' = -\frac{1}{4\pi G}$$

则引力场中的"引力强度 $\boldsymbol{E}_{引}$"为

$$\boldsymbol{E}_{引} = \frac{1}{4\pi\varepsilon'}\frac{m_i}{r^2}\boldsymbol{e}_r$$

形式上完全与点电荷电场强度一致.

所以,点引力源中的"高斯定理"应该为

$$\oint \boldsymbol{E}_{引} \cdot \mathrm{d}\boldsymbol{S} = \frac{m_i}{\varepsilon'} = -4\pi G m_i$$

若在高斯面内有“点引力系”,则引力场中的“高斯定理”为

$$\oint \boldsymbol{E}_{引} \cdot \mathrm{d}\boldsymbol{S} = -4\pi G \sum_i m_i$$

我们还可仿造电场中的高斯定理证明的方法,严格地用数学方法推导出上式,这留给读者自行推导.

5-19　你能对描述静电场和万有引力场的物理量以及研究方法作一比较,从而认识它们之间的异同吗？若将万有引力场的高斯定理写成 $\Phi_g = \oint_S \boldsymbol{g} \cdot \mathrm{d}\boldsymbol{S} = -C\sum m_i$, $\sum m_i$ 表示什么？$\boldsymbol{g}$ 表示什么？C 等于多少？

答:(1) 静电场中同号电荷之间作用力为斥力,异号电荷之间作用力为引力;万有引力场中,不同物质之间的作用力只有引力,而无斥力.

(2) 静电场中可能有静电感应现象,而万有引力中无感应现象.

(3) 库仑力与万有引力皆与距离平方成反比关系,这就使静电场与引力场具有许多相似的性质,比如“有源性”(如问题 5-18)、“无旋性”——保守力场等.

两质点间的引力为

$$\boldsymbol{F} = -G\frac{m_i m}{r_i^2}\boldsymbol{e}_i$$

式中,m_i 为引力源质量,m 为质点质量,G 为引力常量,其他物理量见题图.

对单一质点引力源情况有

$$\boldsymbol{g}_i = \frac{\boldsymbol{F}}{m} = -G\frac{m_i}{r_i^2}\boldsymbol{e}_i$$

可称为“质点引力强度”.当质点引力源在高斯面内,高斯面积分则为

$$\Phi_i = \oint_S \boldsymbol{g}_i \cdot \mathrm{d}\boldsymbol{S} = -Gm_i\oint_S \frac{\mathrm{d}S_\perp}{r_i^2} = -Gm_i\oint_S \mathrm{d}\Omega = -4\pi G m_i$$

当质点引力源不在高斯面内,高斯面积分因 $\oint_S \mathrm{d}\Omega = 0$ 则为

$$\Phi_i = \oint_S \boldsymbol{g}_i \cdot \mathrm{d}\boldsymbol{S} = -Gm_i\oint_S \frac{\mathrm{d}S_\perp}{r_i^2} = -Gm_i\oint_S \mathrm{d}\Omega = 0$$

以上可类比静电场中的高斯定理称为引力源高斯定理.

对多质点引力源情况,由引力的叠加原理,有

$$\boldsymbol{g} = \frac{\boldsymbol{F}}{m} = -G\sum_i \frac{m_i}{r_i^2}\boldsymbol{e}_i$$

则

$$\Phi_g=\oint_S \boldsymbol{g}\cdot \mathrm{d}\boldsymbol{S}=-G\oint_S\left(\sum_i \frac{m_i}{r_i^2}\boldsymbol{e}_i\right)\cdot \mathrm{d}\boldsymbol{S}=-4\pi G\sum_i m_i$$

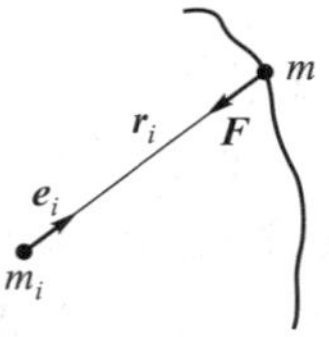

问题 5-19 图

由题意中的设问和与静电场中的高斯定理对比,可知 $-4\pi G$ 相当于 $\frac{1}{\varepsilon}$ 因子;$\sum_i m_i$ 为高斯面内所包含的引力源质量;$\boldsymbol{g}=-G\sum_i \frac{m_i}{r_i^2}\boldsymbol{e}_i$ 称为"引力强度".

由上述对比可知,引力场与静电场满足相同的高斯定理形式,其核心在于,两者都是与距离平方成反比的场.如果这一点不满足则高斯定理将不成立,请阅读问题 5-31 的解答.

5-20　在点电荷的电场中,一正电荷在电场力作用下沿径向运动,其电势是增加、减少还是不变?

答:电荷在周围产生的电势高低与电场中被移动的电荷无关.当点电荷为正电荷时,沿径向远离点电荷时电势减少,反之,靠近点电荷时电势增加;当点电荷为负电荷时,沿径向远离点电荷时电势增加,反之,靠近点电荷时电势减少.

5-21　电荷 q 从电场中的点 A 移到点 B,若使点 B 的电势比点 A 的电势低,而点 B 的电势能又比点 A 的电势能要大,这可能吗?说明之.

答:可能.电势能是被移动电荷与电场共同具有的能量.当电荷 q 为负电荷时,如点 B 的电势比点 A 的电势低,则点 B 的电势能就比点 A 的电势能要大.因为此时将负电荷从点 A 移至点 B,电场力做负功,电势能增大.

5-22　当我们认为地球的电势为零时,是否意味着地球没有净电荷呢?

答:认为地球的电势为零时,并不意味着地球没有净电荷.只是由于,首先电势零点可以任选;其次地球实际上是一个电容 $C=4\pi\varepsilon_0 R$ 很大的带电体,因为电势的变化 $\mathrm{d}V=\frac{\mathrm{d}Q}{C}$,所以可以看出,由地球有限电荷的变化而引起的电势变化可以很小,即地球电势较稳定,这也是可以选地球为电势零点的重要依据.

5-23　在雷雨季节,两带正、负电荷的云团间的电势差可达 10^{10} V,在它们之间产生闪电可通过 30 C 的电荷.请说明在此过程中闪电所消耗的电能相当于 10 kW 发电机在多长时间里发出的电能.

答:根据题意,设 $qU=Pt$,其中 $q=30$ C,$U=10^{10}$ V,$P=10$ kW,则 $t=3\times10^7$ s.

5-24　已知无限长带电直线的电场强度为 $E(r)=\frac{1}{2\pi\varepsilon_0}\frac{\lambda}{r}$.我们能否利用 $V_A=\int_{A\infty}\boldsymbol{E}\cdot\mathrm{d}\boldsymbol{l}+V_\infty$ 并使无限远处的电势为零($V_\infty=0$),来计算"无限长"带电直

线附近点 A 的电势?

答:如取无限远处电势为零点,则

$$V_A = \int \boldsymbol{E} \cdot \mathrm{d}\boldsymbol{l} = \int_{r_A}^{\infty} \frac{\lambda}{2\pi\varepsilon_0 r}\mathrm{d}r = \frac{\lambda}{2\pi\varepsilon_0}(\ln \infty - \ln r_A)$$

因为 $\ln \infty$ 是发散的,所以不能取无限远处为零电势点.其主要原因是电荷的分布的无限性造成选择无限远处为零电势点的不合理性.若选有限距离 r_0 处的电势为零,则任意点 A 的电势可写为

$$V_A = \frac{\lambda}{2\pi\varepsilon_0}\ln \frac{r_0}{r_A}$$

这是一个有限的值.

5-25　在电场中,电场强度为零的点,电势是否一定为零?电势为零的点,电场强度是否一定为零?试举例说明.

答:根据 $\boldsymbol{E} = -\nabla V$,可见电场中电场强度为零的点,电势不一定为零,只要电势在该点附近是一个常量即可,比如,带电导体内部电场强度为零,但电势却为常量,与表面电势相等.同样,电势为零的点,电场强度也不一定为零.电场中,电势零点的选取可以是任意的,只要在该点附近有电势的变化,电场强度一定不为零.所以一个点的电势为零与电场强度为零无必然联系.

5-26　利用 $E_l = -\dfrac{\mathrm{d}V}{\mathrm{d}l}$讨论:若某空间内电场强度处处为零,则该空间内各点的电势必处处相等.

答:因为 E_l 是 $\boldsymbol{E}$ 沿 l 方向上的投影(分量),所以,当处处 $\boldsymbol{E}=0$ 时,E_l 一定也处处为零.由 $E_l = -\dfrac{\mathrm{d}V}{\mathrm{d}l}$,有 $\mathrm{d}V = -E_l\mathrm{d}l$,设 A、B 为空间任两点,两边积分 $\int_{V_A}^{V_B}\mathrm{d}V = -\int_A^B E_l \mathrm{d}l = 0$,从而 $V_A = V_B$,即该空间中各点的电势必处处相等,比如,带电球壳内电场强度处处为零,则电势处处相等,皆为球壳表示电势.

5-27　在电场中,两点的电势差为零,如在两点间选一路径,在这路径上,电场强度也处处为零吗?试说明.

答:不一定.

(1) 可以处处为零.例如,空腔导体内任意两点之间的路径上的电场强度为零.

(2) 可以不处处为零.例如,点电荷所激发的电场呈球对称分布,在距离点电荷相等的同一球面上,各点电势都相等,在球面上任取两点,两点之间任选一路径,这路径上电场强度不是处处为零.

5-28　设有两个电偶极矩分别为 $\boldsymbol{p}_1$ 和 $\boldsymbol{p}_2$ 的电偶极子,如果它们重叠在一

起,此带电系统的电偶极矩为多少?

答:带电系统的电偶极矩 $\boldsymbol{p}$ 为 $\boldsymbol{p}_1$ 与 $\boldsymbol{p}_2$ 的矢量和,即 $\boldsymbol{p}=\boldsymbol{p}_1+\boldsymbol{p}_2$.

***5-29**　电偶极子在均匀电场中总要使自己转向稳定平衡的位置.若此电偶极子处在非均匀电场中,它将怎样运动呢?你能说明吗?

答:若电偶极子处在非均匀电场中,作用在 $+q$ 和 $-q$ 上的合力为 $\boldsymbol{F}=\boldsymbol{F}_++\boldsymbol{F}_-=q\boldsymbol{E}_+-q\boldsymbol{E}_-\neq 0$,所以在非均匀电场中,电偶极子不仅要转动,而且还会在电场力的作用下发生移动.

***5-30**　富兰克林从实验中发现:在一带电的空腔导体球壳内,放置一带电的通草球,通草球不受电力作用,而放在球壳外面则要受电力作用.富兰克林不得其解.化学家普利斯特利则猜想,这是电荷间的作用力和万有引力一样也与距离的二次方成反比的缘故.你同意这个看法吗?你能否试着用第四章第 4-8 节的方法来帮助富兰克林解决困惑并证明普利斯特利的猜想呢?进而增强对物质世界的相似性和统一性的认识.

答:同意这个看法.若假设(点)电荷之间的作用力与距离的二次方成反比,则类似于第四章第 4-8 节的方法可以证明,通草球在空腔导体球壳内不受电力作用,在球壳外面则要受电力作用.

参照第四章第 4-8 节的引力证明过程,将式(4-38)至式(4-41)中的有关物理量作如下替换:$m\to q$(通草球电荷量)、$\mathrm{d}m'\to\mathrm{d}q'$(空腔导体球壳电荷元)、$m'\to q'$(空腔导体球壳电荷量)和 $-G\to K$($K=1/4\pi\varepsilon_0$,称为静电常量),即可证明通草球在空腔导体球壳外受力为 $\boldsymbol{F}=K\dfrac{qq'}{r^2}\boldsymbol{e}_r$.

当通草球在空腔导体内时,类似证明如下:

类似式(4-40),电势能为

$$\mathrm{d}E_\mathrm{p}=Kq\cdot 2\pi R^2\sigma\,\frac{\sin\,\theta\mathrm{d}\theta}{s}$$

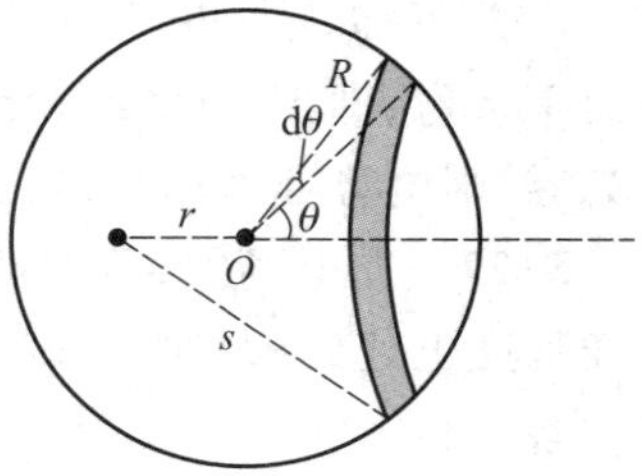

问题 5-30 图

式中,s 与 θ 随所取环带不同而改变.如问题 5-30 图所示,R、r 与 s 之间有如下关系:

$$s^2=R^2+r^2+2rR\cos\,\theta$$

取微商,有

$$\frac{\sin\theta\mathrm{d}\theta}{s}=-\frac{\mathrm{d}s}{Rr}$$

代入上面电势能微商式,得

$$dE_p=-\frac{Kq\cdot 2\pi R\sigma}{r}ds$$

于是，通草球 q 在带电球壳内点 P 处的电势能为

$$E_p=-\frac{Kq\cdot 2\pi R\sigma}{r}\int ds$$

由图可见，当 $\theta=0$ 时，s 的值最大，为 $R+r$；当 $\theta=\pi$ 时，s 的值最小，为 $R-r$.故上式的积分为

$$E_p=-\frac{Kq\cdot 2\pi R\sigma}{r}\int_{R+r}^{R-r}ds=Kq\cdot 4\pi R\sigma=K\frac{qq'}{R}$$

式中，$q'=4\pi R^2\sigma$ 为球壳带电荷量.故通草球在球壳内点 P 的电势能为常量，则由 $\boldsymbol{F}=-\frac{dE_p}{dr}\boldsymbol{e}_r$ 可得，通草球在带电球壳内受力为零.这正是富兰克林实验结果.

***5-31**　假想两点电荷之间的库仑力与它们之间距离的三次方成反比，那么，库仑力是否仍然是保守力？静电场的高斯定理是否仍然成立？静电场的环路定理是否仍然成立？

答：（1）库仑力仍是保守力.因为 $\boldsymbol{F}\propto\frac{1}{r^3}\boldsymbol{e}_r$，则

$$W=\int_A^B\boldsymbol{F}\cdot d\boldsymbol{r}\propto\int_A^B\frac{1}{r^3}\boldsymbol{e}_r\cdot d\boldsymbol{r}=\int_{r_A}^{r_B}\frac{dr}{r^3}=\frac{1}{2}\left(\frac{1}{r_A^2}-\frac{1}{r_B^2}\right)$$

所以，此时的库仑力做功仍与路径无关，即为保守力.

（2）高斯定理不成立.因为 $\boldsymbol{E}\propto\frac{1}{r^3}\boldsymbol{e}_r$，若假设点电荷在球形高斯面中心，则 $\Phi_e=\oint\boldsymbol{E}\cdot d\boldsymbol{S}\propto\oint\frac{dS}{r^3}=\frac{4\pi}{r}$，这表明高斯面的电场强度通量与高斯面大小有关，所以高斯定理不成立.

（3）环路定理仍然成立，即 $\oint\boldsymbol{E}\cdot d\boldsymbol{l}=0$.由于保守力场自然满足环路定理，因此就无须再证明此式了.

三、解题感悟

以问题 5-18 为例进行分析.

静电场中的高斯定理是距离平方反比作用力$\left(\propto\frac{1}{r^2}\right)$的必然结果.那么,有类似特征的引力也有此“高斯定理”吗?这是本题的题设,也是科学思维必然要提出的问题.这种类比式提出问题的方式在物理学发展中比比皆是,也引领了物理学的发展.在类似中寻找差异(静电力既有吸引又有排斥,引力中只有吸引)也是解决问题的关键,正如该题解答中所作的推论一样.

第六章

静电场中的导体与电介质

一、概念及规律

1. 静电场中的导体

（1）导体静电平衡的条件：导体内部电场强度处处为零.

（2）根据导体的静电平衡条件，可以得到以下几条推论：

（a）导体为等势体，其表面为等势面；

（b）导体表面上任意一点的电场强度的方向都垂直于该处表面；

（c）当带电导体处于静电平衡时，导体内部处处没有净电荷存在，电荷只能分布在导体表面；

（d）导体表面附近的电场强度的大小与该处电荷的面密度关系为

$$E=\frac{\sigma}{\varepsilon_0}$$

（e）孤立带电导体表面各处电荷面密度的大小与该处表面的曲率半径有关.曲率半径越大的地方，电荷面密度越小.

（3）静电屏蔽.

在静电平衡条件下：

（a）外电场不可能对空腔内部空间发生任何影响；

（b）接地封闭导体腔外电场不受腔内电荷的影响.

2. 静电场中的电介质

（1）电介质的极化：在外电场的作用下，电介质表面出现束缚电荷的现象.

（2）电极化强度矢量：是衡量电介质极化程度的物理量，定义为单位体积内分子的电偶极矩矢量和.若以 $\boldsymbol{p}_i$ 表示在电介质中某一个宏观小、微观大体积 ΔV 内的某个分子的电偶极矩，则该处的电极化强度矢量 $\boldsymbol{P}$ 为

$$\boldsymbol{P}=\frac{\sum \boldsymbol{p}_i}{\Delta V}$$

(3) 电位移矢量 $\boldsymbol{D}$:为了简化电介质中极化电荷的作用而引入的辅助量.电位移矢量 $\boldsymbol{D}$、电场强度 $\boldsymbol{E}$ 和电极化强度矢量 $\boldsymbol{P}$ 之间的关系为

$$\boldsymbol{D}=\varepsilon_0\boldsymbol{E}+\boldsymbol{P}$$

弱静电场中,各向同性的电介质的电位移矢量 $\boldsymbol{D}$ 与电场强度 $\boldsymbol{E}$ 成正比,即

$$\boldsymbol{D}=\varepsilon_0\varepsilon_r\boldsymbol{E}$$

式中,ε_r 为相对电容率.

(4) 高斯定理的电位移矢量表述:通过任意封闭曲面 S 的电位移通量等于该封闭面包围的自由电荷的代数和,即

$$\oint_S\boldsymbol{D}\cdot\mathrm{d}\boldsymbol{S}=\sum_i q_i$$

式中,q_i 为高斯面内第 i 个自由电荷.

3. 电容器、电容

(1) 孤立导体的电容定义为 $C=\dfrac{Q}{V}$,其中 V 为孤立导体带电荷量为 Q 时的电势.

(2) 通常所用的电容器由两个金属极板和位于其间的电介质所组成.电容器的电容 C 定义为

$$C=\frac{Q}{U}$$

式中,$U=V_2-V_1$ 为电容器两极板之间的电势差,Q 为电容器任一极板所带的电荷.

(3) 电容并联时的等效电容

$$C=\sum_i C_i$$

式中,C_i 为第 i 个电容器的电容.

(4) 电容串联时的等效电容

$$\frac{1}{C}=\sum_i\frac{1}{C_i}$$

式中,C_i 为第 i 个电容器的电容.

4. 静电能

(1) 电场的能量密度

$$w_e=\frac{1}{2}\boldsymbol{D}\cdot\boldsymbol{E}=\frac{1}{2}\varepsilon_0\varepsilon_r E^2$$

(2) 电容器的能量

$$W_e=\frac{Q^2}{2C}=\frac{1}{2}CU^2=\frac{1}{2}QU$$

二、思考及解答

6-1　有人说:“某一高压输电线的电压有 500 kV,因此你不可与之接触.”这句话是对还是不对? 维修工人在高压输电线上是如何工作的呢?

答:因高压线周围有很强的电场,所以人接近高压线时,人体与高压线间有很高的电势差,这容易使空气被击穿而放电,危及人体安全.利用空腔导体的静电屏蔽原理,人们用细铜丝(或导电纤维)制成导电性能良好的屏蔽服,工作人员工作时穿上它,就相当于置身导体空腔之中,使电场不能深入到人体,保证人体安全.即使工作人员接触电线的瞬间,放电也只在屏蔽服与电线之间发生,放电之后,人体与电线便有了相同的电势.工作人员便可以在不停电情况下安全、自由地在高压输电线上工作了.因此,一般情况下人体在未穿屏蔽服时切记不能与高压线接触!

6-2　一个绝缘的金属筒上面开一小孔,通过小孔放入一个用丝线悬挂的带正电的小球.试讨论在下列各种情形下,金属筒外壁带何种电荷? (1) 小球跟筒的内壁不接触;(2) 小球跟筒的内壁接触;(3) 小球不跟筒接触,但人用手接触一下筒的外壁,松开手后再把小球移出筒外.

答:(1) 小球跟筒内壁不接触时,由于静电感应,金属筒内壁带等量负电荷,金属筒外壁带等量正电荷.

(2) 小球跟筒内壁接触时,小球与金属筒连为一体,若小球为金属带电球,球上电荷全部转移至金属筒外壁;若小球为绝缘介质带电球,情况与(1)同.总之,金属筒外壁将带正电荷.

(3) 用手触摸筒外壁前,金属筒带电情况与(1)同.用手触摸筒外壁后,外壁正电荷全部流入大地,外壁将不带电,若再将小球移出,则由于静电平衡,留置于筒内壁的负电荷将全部移至筒外壁,故外壁带负电荷.

6-3　将一个带电的小金属球与一个不带电的大金属球相接触,小球上的电荷会全部转移到大球上去吗?

答:小球上的电荷不会全部转移到大球上去.原因是,无论小球带正电还是带负电,当两球接触后,电荷在电场力作用下都将部分转移至大球上,直至大、小球的电势相等.从球形导体的电势公式 $V=\dfrac{Q}{4\pi\varepsilon_0 R}$ 可以粗略估计,当两球电势相等时 $\dfrac{Q_{大}}{R_{大}}=\dfrac{Q_{小}}{R_{小}}$,则大球上的电荷比小球上的电荷多.若写出大、小球上所带电荷面密度,则有 $R_{大}\sigma_{大}=R_{小}\sigma_{小}$,即 $\sigma_{大}<\sigma_{小}$,这表明,导体在静电平衡时,曲率大的地

方电荷面密度大.

6-4　为什么高压电器设备上金属部件的表面要尽可能不带棱角?

答:对孤立带电导体的分析表明,导体表面附近场强与其表面电荷面密度成正比,而电荷面密度又与导体表面的曲率半径有关,曲率半径越小,电荷面密度越大(见问题6-3的分析).因而在金属导体的突起部位往往积聚大量电荷,使得局部场强变得很大,容易使空气被击穿,发生放电.高压电器设备上金属部件表面往往有大量的感应电荷,如果有棱角就很容易发生放电,损害设备,所以应尽量避免表面上出现突起或棱角.

6-5　在高压电器设备周围,常围上一接地的金属栅网,以保证栅网外的人身安全.试说明其道理.

答:高压电器设备周围往往有很强的电场,当围上一金属栅网后,金属栅网的内外表面将分别感应出等量异号电荷,再将金属栅网接地,则栅网外壁的电荷将在电场作用之下流向大地,高压电器的电场就被限制在栅网的内部,同时,外部静电场也不能进入内部,这就是静电屏蔽.网外电场基本为零,从而保证了网外的人身安全及外部电器设备不受其影响.

6-6　在导体处于静电平衡时,如果导体表面某处电荷面密度为 σ,那么在导体表面附近的电场强度为 $E=\dfrac{\sigma}{\varepsilon_0}$;而在均匀无限大带电平面的两侧,其电场强度则是 $E=\dfrac{\sigma}{2\varepsilon_0}$,为何减小了一半呢?

答:相同点:题设中的两个电场强度都是所有带电部分对电场强度的总贡献,即合场强.不同处:① 均匀无限大带电平面的电荷面密度 σ 是常量,而导体电荷面密度并非常量,不同位置处的 σ 一般不等;② 只在导体表面附近处,场强垂直于导体面,且为 $E=\dfrac{\sigma}{\varepsilon_0}$,而均匀无限大带电平面周围空间的场强都垂直于平面,且为 $E=\dfrac{\sigma}{2\varepsilon_0}$;③ 导体静电平衡后的总电场只在导体外侧存在,而均匀无限大带电平面的总电场在两侧都有.综上可知,当用一扁平柱形高斯面包围电荷面密度相等的导体或均匀无限大带电平面时(见问题6-6图),所围电荷对高斯面的贡献相同 $\oint \boldsymbol{E}\cdot \mathrm{d}\boldsymbol{S}=\dfrac{\sigma S}{\varepsilon_0}$,但前者只对导体外侧面有贡献,即 $ES=\dfrac{\sigma S}{\varepsilon_0}$;后者对两侧都有贡献,即 $ES+ES=\dfrac{\sigma S}{\varepsilon_0}$.这样就得出前者的总电场强度应该是后者的两倍的结论.

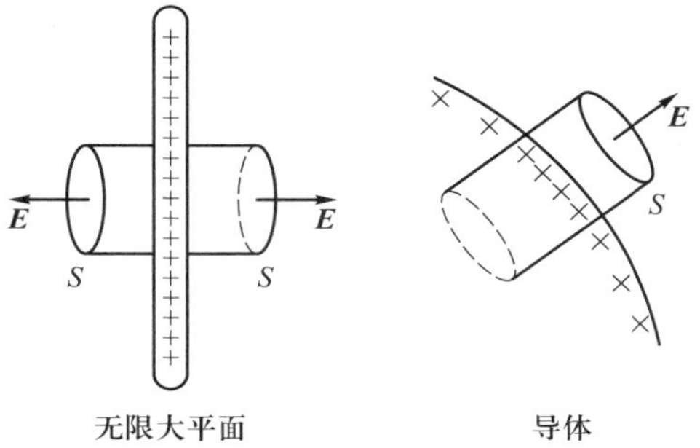

问题 6-6 图

6-7　在绝缘支柱上放置一个闭合的金属球壳，球壳内有一人. 当球壳带电并且电荷越来越多时，他观察到的球壳表面的电荷面密度、球壳内的场强是怎样的？当一个带有跟球壳相异电荷的巨大带电体移近球壳时，此人又将观察到什么现象？此人处在球壳内是否安全？

答：(1) 他发现，外表面上电荷密度会越来越大，球内场强仍为零.

(2) 他发现球面电荷开始重新分布，靠近带电体的地方电荷密度大，远离带电体处电荷密度小.

(3) 由于静电屏蔽，此人在球壳内始终安全.

注意：题设中的“观察”暗含测量的意思.

6-8　有人说：“因为 $C=Q/U$，所以电容器的电容与其所带电荷成正比.” 这话对吗？如电容器两极的电势差增加一倍，Q/U 将如何变化呢？

答：对一个确定的电容器而言，电容 C 反映电容器的容电本领，它只与电容器本身的特性有关，而与电容器两端的电压和电荷的有无及大小没有关系. $C=\dfrac{Q}{U}$ 给出了测量电容的公式，当电容器两极的电势差增加一倍时，其上电荷也增加一倍，而 $\dfrac{Q}{U}$ 保持不变.

6-9　在下列情况下，平行平板电容器的电势差、电荷、电场强度和所贮存的能量将如何变化. (1) 断开电源，并使极板间距加倍，此时极板间为真空；(2) 断开电源，并使极板间充满相对电容率 $\varepsilon_r=2.5$ 的油；(3) 保持电源与电容器两极相连，使极板间距加倍，此时极板间为真空；(4) 保持电源与电容器两极相连，使极板间充满相对电容率 $\varepsilon_r=2.5$ 的油.

答：设初始时电容器电容、电势差、电荷、场强和所贮存的能量分别为 C_0，U_0，Q_0，E_0，W_0.

(1) 因平行平板电容器的电容为 $C=\frac{\varepsilon_0 S}{d}$,所以极板间距加倍时 $C=\frac{C_0}{2}$,又因电源断开,电荷仍为 Q_0,则

$$U=\frac{Q}{C}=\frac{Q_0}{C_0/2}=\frac{2Q_0}{C_0}=2U_0$$

$$E=\frac{U}{d}=\frac{2U_0}{2d_0}=\frac{U_0}{d_0}=E_0$$

或

$$E=\frac{\sigma}{\varepsilon_0}=\frac{\sigma_0}{\varepsilon_0}=E_0$$

$$W_e=\frac{1}{2}QU=\frac{1}{2}Q_0\cdot 2U_0=Q_0U_0=2W_{e0}$$

这里的电容器能量增加,是因为极板拉开过程中外力克服电场力做正功,这部分功转化为电能,使电容器能量增加.

(2) 介质 $\varepsilon=\varepsilon_r\varepsilon_0=2.5\varepsilon_0$,则 $C=2.5C_0$,因电源断开,所以 $Q=Q_0$

$$U=\frac{Q}{C}=\frac{Q_0}{2.5C_0}=\frac{2}{5}U_0$$

$$E=\frac{U}{d}=\frac{\frac{2}{5}U_0}{d_0}=\frac{2}{5}E_0$$

$$W_e=\frac{1}{2}QU=\frac{1}{2}Q_0\cdot\frac{2}{5}U_0=\frac{2}{5}W_{e0}$$

这里的电容器能量减小,是因为插入电介质过程中在电场力作用下,介质极化,电场力做正功,在无电源提供能量的情况下,只能消耗电容器自身的能量,所以总能量减小.

(3) 保持与电源连接则 $U=U_0$,极板间距加倍,则 $C=\frac{C_0}{2}$

$$Q=CU=\frac{C_0}{2}U_0=\frac{1}{2}Q_0$$

$$E=\frac{U}{d}=\frac{U_0}{2d_0}=\frac{E_0}{2}$$

或

$$E=\frac{Q/S}{\varepsilon_0}=\frac{\frac{1}{2}Q_0/S}{\varepsilon_0}=\frac{1}{2}\frac{\sigma_0}{\varepsilon_0}=\frac{1}{2}E_0$$

$$W_e=\frac{1}{2}QU=\frac{1}{2}\times\frac{1}{2}Q_0U_0=\frac{1}{2}W_{e0}$$

这里的电容器能量减小，是因为极板拉开过程中虽有外力克服电场力做正功，但同时要向电源放电（电荷减少），放电的能量大于外力提供的能量，所以电容器总能量减少.

（4）保持与电源相连，则 $U=U_0$，介质 $\varepsilon_r=2.5$，$C=2.5C_0$

$$Q=CU=2.5C_0U_0=2.5Q_0$$

$$E=\frac{U}{d}=\frac{U_0}{d_0}=E_0$$

或

$$E=\frac{Q/S}{\varepsilon_0\varepsilon_r}=\frac{2.5Q_0/S}{2.5\varepsilon_0}=\frac{\sigma_0}{\varepsilon_0}=E_0$$

$$W_e=\frac{1}{2}QU=\frac{1}{2}\times 2.5Q_0U_0=2.5W_{e0}$$

这里的电容器能量增加，是因为虽然电场力要对介质做功，使介质极化，但此时，电源为了维持电场强度的不变而提供的能量大于介质极化所需的能量，使得电容器总能量增加.

6-10　一平行平板电容器被一电源充电后，将电源断开，然后将一厚度为两极板间距一半的金属板放在两极板之间.试问下述各量如何变化？（1）电容；（2）极板上的面电荷；（3）极板间的电势差；（4）极板间的电场强度；（5）电场的能量.

答：如问题 6-10 图（a）所示，设两极板间距离为 d，极板面积为 S，距上、下极板的距离为 d_1、d_2，$d_1+d_2=d/2$.再设未加金属板前，电容为 $C_0=\frac{\varepsilon_0 S}{d_0}$，电荷为 Q_0，电势差为 U_0，场强为 E_0，场能量为 W_{e0}，加入金属板后，电容器可等效为电容器上极板与金属板上表面及电容器下极板与金属板下表面所组成的两个电容器的串联，两电容器电容分别为 $C_1=\frac{\varepsilon_0 S}{d_1}$，$C_2=\frac{\varepsilon_0 S}{d_2}$.

（1）总电容为 $C=\frac{C_1C_2}{C_1+C_2}=\frac{\varepsilon_0 S}{d_1+d_2}=\frac{2\varepsilon_0 S}{d}=2C_0$.

（2）极板上面电荷不变，仍为 Q_0.

（3）两极板间电势差 $U=\frac{Q}{C}=\frac{Q_0}{2C_0}=\frac{U_0}{2}$.

（4）上极板与金属板之间以及金属板与下极板之间的场强仍为 E_0，这是因为电荷面密度不变的缘故.

（5）电场能量为 $W_e=\frac{1}{2}QU=\frac{1}{2}Q_0\cdot\frac{U_0}{2}=\frac{1}{2}W_{e0}$.

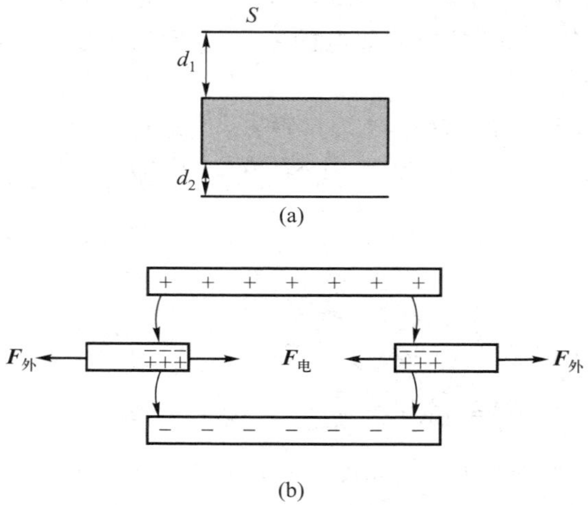

问题 6-10 图

这里,对电场能的减少可以有两种解释:① 有外力牵引.因导体插入时,电场力要对导体做正功,如问题 6-10 图(b)所示,为了让导体停下,外力要与电场力反向,所以电场力要克服外力做正功,从而电容器总能量减少.② 无外力牵引.电场力对导体做功会经历做正功(导体动能增加)和做负功(导体动能减少)的过程,这样,导体将在电容器两极之间长时间地振荡,由于导体上的感应电荷的不断变化,使其产生焦耳热(也可能具有一定的辐射)最终将耗尽导体的动能,使导体停下,产生的焦耳热(或辐射)即为电容器能量的减少量.

6-11 如果圆柱形电容器的内半径增大,使两柱面之间的距离减小为原来的一半,那么此电容器的电容是否增大为原来的两倍?

答:圆柱电容器的电容为 $C=\dfrac{2\pi\varepsilon_0\varepsilon_r l}{\ln(R_2/R_1)}$,其中,$\varepsilon_r$ 为电容器间填充的介质的相对电容率,l 为电容长度,R_1、R_2 分别为电容器内外半径.可见,它的电容并不像平行平板电容器的电容那样只是简单地与极板的距离成反比,设 $d=R_2-R_1$,则$R_1=R_2-d$,有

$$C=\frac{2\pi\varepsilon_0\varepsilon_r}{\ln\dfrac{R_2}{R_2-d}}=-\frac{2\pi\varepsilon_0\varepsilon_r}{\ln\left(1-\dfrac{d}{R_2}\right)}$$

如保持 R_2 不变,d 变为原来一半,则有

$$C'=-\frac{2\pi\varepsilon_0\varepsilon_r}{\ln\left(1-\dfrac{d}{2R_2}\right)}$$

可见

$$C'=\frac{\ln\left(1-\dfrac{d}{R_2}\right)}{\ln\left(1-\dfrac{d}{2R_2}\right)}C\neq 2C$$

并不增大为原来的两倍.

6-12　假使一个薄金属板放在平行平板电容器的两极板中间,金属板的厚度较之两极板之间的距离小很多,可略去不计.试问金属板放入电容器之后,电容有无变化?如金属板不放在电容器两极板中间,情况又如何?

答:分析同问题 6-10,如金属板放在中间且忽略厚度,则有 $d_1=d/2=d_2$,那么总电容为

$$C=\frac{\varepsilon_0 S}{d_1+d_2}=\frac{\varepsilon_0 S}{d}=C_0$$

由上式知总电容与 d_1+d_2 有关,因金属板厚度可忽略,故不论金属板放在两极板间什么位置均有 $d_1+d_2=d$,因而电容保持不变,仍为 C_0.

6-13　电介质的极化现象和导体的静电感应现象有些什么区别?

答:导体中存在大量自由电子,这些自由电子在外电场作用下会作定向运动,从而在导体内建立起完全抵消外电场的反向电场,此时,导体内场强为零,电子停止移动,电荷都分布在导体表面,即达到静电平衡.电介质中电子和原子核结合紧密,几乎无自由电荷(电子或正离子),在外电场作用下,介质中的带电粒子只能在电场力作用下作微观相对位移(数量级约为 10^{-10} m),宏观上在介质表面出现净束缚电荷,平衡时束缚电荷产生的附加场只能部分抵消外电场,因而介质内部总场强一般不为零.

6-14　怎样从物理概念上来说明自由电荷与极化电荷的差别?

答:自由电荷是指在外电场作用下可以自由移动的带电粒子.如导体中,金属原子的最外层电子受原子核的电场力小,很容易摆脱原子核的束缚成为自由电子,这种自由电子可以“自由”迁移至其他物体之上.

在介质分子中,原子核与电子间引力很大,结合紧密,电子很难挣脱原子核束缚成为自由电子.但在外电场作用下,正负电荷中心会发生位移,形成电偶极矩(无极分子),或者分子偶极矩有沿电场方向排列的趋势(有极分子).从宏观上看,在介质表面或非均匀介质分界面处就会出现极化电荷,这种极化电荷不可以“自由”迁移至其他物体之上.

6-15　从第 6-2 节已知,在电场强度为 $\boldsymbol{E}$ 的电场中,电偶极矩为 $\boldsymbol{p}$ 的电偶极子所受的力矩为 $\boldsymbol{M}=\boldsymbol{p}\times\boldsymbol{E}$.由上式可知,有极分子的电偶极矩 $\boldsymbol{p}$ 的方向与 $\boldsymbol{E}$ 的

方向相反时,有极分子所受的力矩为零.为什么有极分子 $\boldsymbol{p}$ 的方向与电场强度 $\boldsymbol{E}$ 的方向相反的状态,不能当作有极分子的稳定平衡状态呢?

答:本题用两种方法解释.

方法一:可从能量的角度加以解释.电偶极子在外场中的电势能为 $E_p=-\boldsymbol{p}\cdot\boldsymbol{E}$.当 $\boldsymbol{p}$ 与 $\boldsymbol{E}$ 同向时,$E_p=-pE$;$\boldsymbol{p}$ 与 $\boldsymbol{E}$ 反向时,$E_p=pE$.前者能量最低,后者最高,因而虽然两者所受力矩均为零,但从能量的观点来看,能量越低,系统状态越稳定.因而前者为稳定平衡,后者为不稳平衡.

方法二:从力矩角度解释.当偶极子稍稍偏离反平行的平衡位置时,即受到一个"翻转"力矩作用,使偶极子的方向趋向于电场方向.因而电偶极子反平行于电场时的电偶极子平衡为"不稳平衡".

6-16　电势的定义是单位电荷具有的电势能.为什么带电电容器的能量是 $\frac{1}{2}QU$,而不是 QU 呢?

答:电容器的能量表达式 $W_e=\frac{1}{2}QU$ 中,U 代表正负极板上的电势差,它是正负电荷共同作用的结果,是仅有一个极板时电势值的两倍(以极板处为电势零点).用电势的定义来计算电荷的电势能时得到 $W_e=QU$,其中 U 是指 Q 以外其他电荷产生的电势,不能包括该电荷自身产生的电势,因此如用两极板的电势差来表示能量时应乘以系数$\frac{1}{2}$.

6-17　(1) 一个带电的金属球壳里充满了均匀电介质,外面是真空,此球壳的电势是否等于$\frac{Q}{4\pi\varepsilon_0\varepsilon_r R}$? 为什么? (2) 若球壳内为真空,球壳外是无限大均匀电介质,此时球壳的电势为多少? Q 为球壳上的自由电荷,R 为球壳的半径,ε_r 为介质的相对电容率.

答:(1) 不是.在球外作一同心球面,根据高斯定理,球外的电位移通量只与金属球壳中的自由电荷有关,与球内介质无关,由于场是对称的,可得 $D=\frac{Q}{4\pi r^2}$.又由于球外是真空,故有 $E(r)=\frac{Q}{4\pi\varepsilon_0 r^2}$,因此球壳的电势 $U_R=\int_R^\infty \boldsymbol{E}\cdot \mathrm{d}\boldsymbol{r}=\frac{Q}{4\pi\varepsilon_0 R}$.

(2) 同理有 $D=\frac{Q}{4\pi r^2}$,$E(r)=\frac{Q}{4\pi\varepsilon_0\varepsilon_r r^2}$,因此,$U_R=\int_R^\infty \boldsymbol{E}\cdot \mathrm{d}\boldsymbol{r}=\frac{Q}{4\pi\varepsilon_0\varepsilon_r R}$.

由此可推知,金属球壳的电势只与球壳表面到电势零点之间的介质有关.

6-18　把两个电容分别为 C_1、C_2 的电容器串联后进行充电,然后断开电源，把它们改成并联，问它们的电场能是增加还是减少？为什么？

答：因是串联[问题 6-18 图(a)]充电，故 C_1、C_2 上的电荷应相同，设为 Q，则总能量为

$$W_e=\frac{1}{2}\frac{Q^2}{C_1}+\frac{1}{2}\frac{Q^2}{C_2}=\frac{Q^2}{2}\frac{C_1+C_2}{C_1C_2}$$

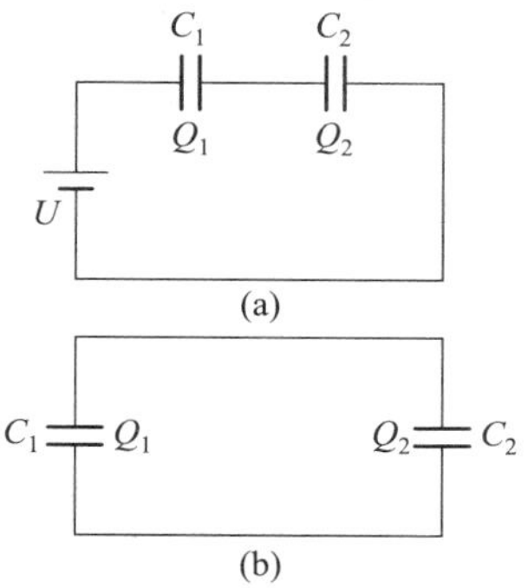

问题 6-18 图

断开后再并联[问题 6-17 图(b)]，则 C_1、C_2 上电压相同，设电荷分别为 Q_1，Q_2，则有

$$\begin{cases} Q_1+Q_2=2Q \\ \dfrac{Q_1}{C_1}=\dfrac{Q_2}{C_2} \end{cases}$$

解得

$$Q_1=\frac{2C_1}{C_1+C_2}Q,\quad Q_2=\frac{2C_2}{C_1+C_2}Q$$

总能量为

$$W'_e=\frac{1}{2}\frac{Q_1^2}{C_1}+\frac{1}{2}\frac{Q_2^2}{C_2}=\frac{4Q^2C_1}{2(C_1+C_2)^2}+\frac{4Q^2C_2}{2(C_1+C_2)^2}$$

$$=\frac{2Q^2}{C_1+C_2}\leqslant W_e\quad[\text{因为}(C_1+C_2)^2\geqslant 4C_1C_2]$$

能量减少.

原因在于将两电容并联时，由于两极板间电势不同，正电荷在电场力作用下，由电势高的极板流向电势低的极板，电场力做正功，电势能减少，这部分能量最终转化为焦耳热而损耗掉.

三、解题感悟

以问题 6-9 为例进行分析.

(1) 选用适当的公式解题非常重要.在本题中选取 $W_e=\frac{1}{2}QU$、$W_e=\frac{1}{2}\frac{Q^2}{C}$还是 $W_e=\frac{1}{2}CU^2$ 形式，对问题的简化起重要作用.

(2) 概念在解题过程中得到深化.本题表面上看只是计算几个物理量而已，实际上它是揭示"功能关系"的好例子.通过电容的能量变化反映的是外力做功？还是电池做功？这使本题在概念上得以升华.

第七章

恒 定 磁 场

一、概念及规律

1. 电流与电流密度

(1) **电流** 用来衡量电流大小的物理量,它等于单位时间内通过导线某一横截面的电荷量,即

$$I=\frac{\mathrm{d}q}{\mathrm{d}t}$$

(2) **电流密度矢量** 在导体中取一小面元 $\mathrm{d}S$,则通过这个面元的电流为

$$\mathrm{d}I=\boldsymbol{j}\cdot\mathrm{d}\boldsymbol{S}\quad\text{或}\quad I=\oint_S\boldsymbol{j}\cdot\mathrm{d}\boldsymbol{S}$$

式中,$\boldsymbol{j}$ 为该面元处的电流密度.

(3) **载流子** 若导体中只有一种载流子,它们的电荷量都为 q,且它们都以速度 $\boldsymbol{v}$ 运动,则导体中的电流密度矢量为

$$\boldsymbol{j}=qn\boldsymbol{v}$$

式中,n 为载流子数密度.

(4) **电流的连续性方程** 根据电荷守恒定律,通过封闭曲面流出的电荷量应该等于该封闭曲面内电荷 q_{i} 的减少,即

$$\oint_S\boldsymbol{j}\cdot\mathrm{d}\boldsymbol{S}=-\frac{\mathrm{d}q_{\mathrm{i}}}{\mathrm{d}t}$$

(5) **恒定电流条件** 通过任意封闭曲面的恒定电流为零,即

$$\oint_S\boldsymbol{j}\cdot\mathrm{d}\boldsymbol{S}=0$$

2. 电源和电动势

(1) 电源是提供非静电力的装置.

(2) 电源电动势的大小等于单位正电荷在电源内部从负极移到正极的过程中非静电力所做的功,即

$$\mathscr{E}=\int_{-}^{+}\boldsymbol{E}_{\mathrm{k}}\cdot\mathrm{d}\boldsymbol{l}$$

3. 毕奥-萨伐尔定律　以 $I\mathrm{d}\boldsymbol{l}$ 表示恒定电流的一个电流元，$\boldsymbol{r}$ 代表从该电流元指向场点 $\boldsymbol{P}$ 的位矢，则该电流元在点 $\boldsymbol{P}$ 产生的磁感强度 $\mathrm{d}\boldsymbol{B}$ 为

$$\mathrm{d}\boldsymbol{B}=\frac{\mu_0}{4\pi}\frac{I\mathrm{d}\boldsymbol{l}\times\boldsymbol{r}}{r^3}=\frac{\mu_0}{4\pi}\frac{I\mathrm{d}\boldsymbol{l}\times\boldsymbol{e}_r}{r^2}$$

式中，μ_0 为真空磁导率.

4. 磁场中的高斯定理和环路定理

（1）**磁场中的高斯定理**　任意磁场中通过任意封闭曲面的磁通量为零，即

$$\oint_S\boldsymbol{B}\cdot\mathrm{d}\boldsymbol{S}=0$$

（2）**安培环路定理**　磁感强度矢量沿一封闭路径的线积分等于该封闭路径所包围的电流的代数和的 μ_0 倍，即

$$\oint_L\boldsymbol{B}\cdot\mathrm{d}\boldsymbol{l}=\mu_0\sum_i I_i$$

（3）**电流正负的判定**　先确定路径绕行的正方向，然后以右手四指沿闭合路径绕向，与伸直的大拇指方向一致的电流为正，反之为负.

5. 磁场对运动电荷及载流导线的作用

（1）**洛伦兹力**　电荷量为 q、速度为 $\boldsymbol{v}$ 的粒子在磁场中所受的洛伦兹力为

$$\boldsymbol{F}=q\boldsymbol{v}\times\boldsymbol{B}$$

式中，$\boldsymbol{B}$ 为该粒子所在位置的磁感强度.

（2）**安培力**　电流元 $I\mathrm{d}\boldsymbol{l}$ 在磁场中所受的安培力为

$$\mathrm{d}\boldsymbol{F}=I\mathrm{d}\boldsymbol{l}\times\boldsymbol{B}$$

式中，$\boldsymbol{B}$ 为该电流元所在处的磁感强度.

6. 磁介质及其作用

（1）**磁化强度**　衡量磁介质磁化程度的物理量.定义为单位体积内分子磁矩的矢量和.若以 $\boldsymbol{m}_i$ 表示在电介质中某一个宏观小、微观大的体积 ΔV 内的某个分子的磁矩，则该处的磁化强度 $\boldsymbol{M}$ 为

$$\boldsymbol{M}=\frac{\sum\boldsymbol{m}_i}{\Delta V}$$

（2）**磁场强度 $\boldsymbol{H}$**　为了简化磁介质中磁化电流受磁场作用的问题而引入的辅助量.磁场强度 $\boldsymbol{H}$、磁感强度 $\boldsymbol{B}$ 和磁化强度 $\boldsymbol{M}$ 之间的关系为

$$\boldsymbol{H}=\frac{\boldsymbol{B}}{\mu_0}-\boldsymbol{M}$$

一般情况下，各向同性的非铁磁质的磁感强度 $\boldsymbol{B}$ 与磁场强度 $\boldsymbol{H}$ 成正比，即

$$B = \mu_0\mu_r H$$

式中,μ_r 为相对磁导率.相对磁导率 μ_r 略大于 1 的磁介质为顺磁质;相对磁导率 μ_r 略小于 1 的磁介质为抗磁质.

(3) **磁介质中的安培环路定理** 磁场强度 $\boldsymbol{H}$ 沿一闭合路径的线积分等于该闭合路径所包围的传导电流的代数和,即

$$\oint_L \boldsymbol{H}\cdot \mathrm{d}\boldsymbol{l} = \sum_i I_i$$

二、思考及解答

7-1 两根截面积不相同而材料相同的金属导体如问题 7-1 图所示串接在一起,两端加一定电压.问通过这两根导体的电流密度是否相同?两导体内的电场强度是否相同?如果两导体的长度相等,两导体上的电压是否相同?两导体的分界面上是否可能有电荷积累?

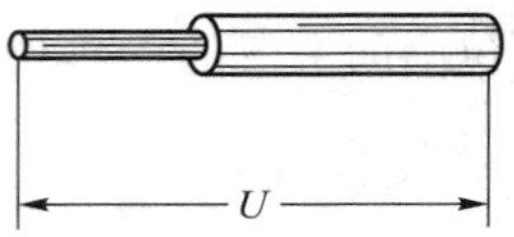

问题 7-1 图

答:由电流连续性 $j_1S_1 = j_2S_2$,知这两根截面不同的导体的电流密度不相同;由欧姆定律 $\boldsymbol{j} = \gamma\boldsymbol{E}$,得两导体内的电场强度不相同;由 $R = \rho l/S$ 得两导体的电阻 R 不相同,所以两导体上的电压不相同.在两导体分界面两侧作一沿导体纵向的圆柱高斯面,计算 $\oint \boldsymbol{E}\cdot \mathrm{d}\boldsymbol{S} = \frac{1}{\gamma}(j_2-j_1)\Delta S \neq 0$,由此可知,分界面上有电荷积累,但因为电流恒定($I_1 = I_2$),所以分布的电荷不随时间变化.

7-2 一根铜线表面涂以银层,若在导线两端加上给定的电压,此时铜线和银层中的电场强度、电流密度以及电流是否都相同?

答:若忽略两金属的微弱电阻,则电场沿轴向分布且均匀.由 $E = U/d$ 得,铜线和银层中的电场强度相同,由 $\boldsymbol{j} = \gamma\boldsymbol{E}$,得铜线和银层中的电流密度不同,电流由电流密度和截面积共同决定.

7-3 电池组所给的电动势的方向是否取决于通过电池组的电流的流向?

答:首先,当电池组连接方式确定后,电动势的方向就确定了,与有无电流无关.其次,当电池组连接到电路中后,若电池组向外供电,则电池组的电动势方向与电流流向一致(无论串、并联);若电池组被充电,则电池组的电动势方向与电流流向相反.

7-4 你能说出一些有关电流元 $I\mathrm{d}\boldsymbol{l}$ 激发磁场 $\mathrm{d}\boldsymbol{B}$ 与电荷元 $\mathrm{d}q$ 激发电场 $\mathrm{d}\boldsymbol{E}$ 的异同吗?

答：如下表所示.

	$Id\boldsymbol{l}$ 激发磁场 $d\boldsymbol{B}$	dq 激发电场 $d\boldsymbol{E}$
相同点	微元激发的矢量场	
	矢量场大小皆与微元到场点的距离成平方反比关系	
不同点	$d\boldsymbol{B}$ 的方向由 $Id\boldsymbol{l}\times\boldsymbol{e}_r$ 确定，是横向场	$d\boldsymbol{E}$ 的方向由 dq 指向场点的位矢 $\boldsymbol{r}$ 及 dq 的正负确定，是纵向场
	$dB=\dfrac{\mu_0}{4\pi}\dfrac{Idl\sin\theta}{r^2}$，大小有取向性要求	$dE=\dfrac{dq}{4\pi\varepsilon_0 r^2}$，大小无取向性要求
	由不能独立存在的电流元（恒定电流）激发	由能独立存在的电荷元（静止电荷）激发

7-5　有一电流元 $Id\boldsymbol{l}$ 位于直角坐标系的原点 O，电流的流向沿 Oz 轴正向. 场点 P 的磁感强度 $d\boldsymbol{B}$ 在 Ox 轴上的分量是下面三个答案中的哪一个？（1）0；（2）$-k\dfrac{Iydl}{(x^2+y^2+z^2)^{3/2}}$；（3）$k\dfrac{Ixdl}{(x^2+y^2+z^2)^{3/2}}$.

答：由毕奥-萨伐尔定律知电流元 $Id\boldsymbol{l}$ 对任一场点 P 产生的磁感强度 $d\boldsymbol{B}=\dfrac{\mu_0}{4\pi}\dfrac{Id\boldsymbol{l}\times\boldsymbol{e}_r}{r^2}$. 其大小：$dB=\dfrac{\mu_0}{4\pi}\dfrac{Idl\sin\theta}{x^2+y^2+z^2}$，$\sin\theta=\dfrac{\sqrt{x^2+y^2}}{\sqrt{x^2+y^2+z^2}}$；其方向：垂直于 $Id\boldsymbol{l}$ 与 $\boldsymbol{r}$ 组成的平面，当然也垂直于该平面上任一直线 OP'（问题 7-5 图）. 此 $d\boldsymbol{B}$ 在与 Oxy 平面平行的平面内，当然可以平移至 Oxy 平面内，设 $d\boldsymbol{B}$ 与 Oy 轴的夹角为 φ，则

$$dB_x=-dB\sin\varphi,\quad \sin\varphi=\frac{x}{\sqrt{x^2+y^2}}$$

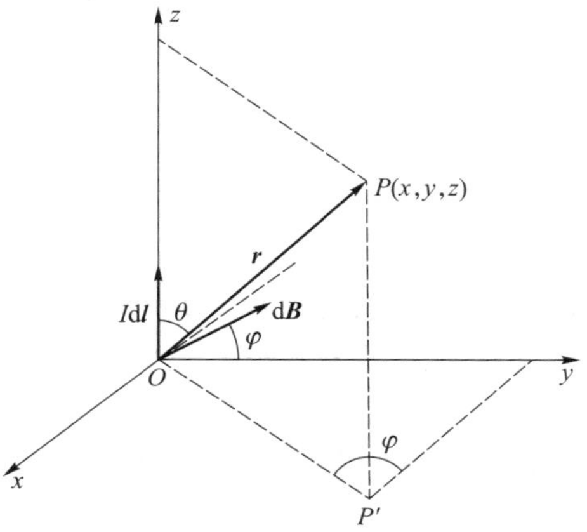

问题 7-5 图

所以

$$
\begin{aligned}
\mathrm{d}B_x &= -\mathrm{d}B\sin\varphi \\
&= -\frac{\mu_0}{4\pi}\frac{I\mathrm{d}l}{x^2+y^2+z^2}\frac{\sqrt{x^2+y^2}}{\sqrt{x^2+y^2+z^2}}\frac{x}{\sqrt{x^2+y^2}} \\
&= -\frac{\mu_0}{4\pi}\frac{I\mathrm{d}l\cdot x}{(x^2+y^2+z^2)^{3/2}}
\end{aligned}
$$

因此答案(3)是正确的.

7-6　在球面上竖直和水平的两个圆中通以相等的电流,电流流向如问题7-6图(a)所示.问球心 O 处磁感强度的方向是怎样的?

答:由环形电流在圆心的磁感强度$\left(B=\dfrac{\mu_0 I}{2R}\right.$,方向为通过圆心且垂直于圆面的轴线方向$\left.\right)$可知,两正交载流圆环在 O 点的磁感强度大小相等,方向正交,如问题7-6图(a)所示.若设竖直向下为 y 轴正向,则知球心 O 的磁感强度 $\boldsymbol{B}$ 的方向为偏离 y 轴45°,如问题7-6图(b)所示.

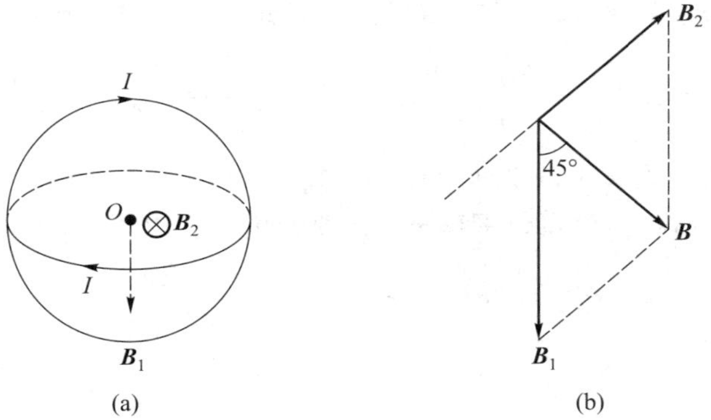

问题7-6图

7-7　如果在 A、B 两点之间有一根直导线通以电流 I,或者在两点之间有一根圆弧形导线也通以电流 I.试问它们在场点 P 所激发的磁感强度有何差别?

答:如果场点 P 没有特殊位置,且与两种情况下的导线共面的话,那么他们各自产生的磁感强度方向相同,大小有差异.

7-8　如果用一个闭合曲面将一条形磁铁的极包起来.通过此闭合曲面的磁通量是多少?若磁单极被找到,并用同样的闭合曲面把它包围起来,情况又将如何呢?

答:前者,因为磁铁总存在两个磁极,因此无论闭合面是把一个极包围住,还是把两个极一起包围住，通过闭合面的磁感线既有穿出，又有穿进，磁通量都为零，这也是现有电磁理论的基础——高斯定理$\oint \boldsymbol{B}\cdot \mathrm{d}\boldsymbol{S}=0$.后者，由于磁单极只发出，或只接收磁感线，因此把磁单极包围住的闭合面的磁通量就不会为零.至今实验上没有确凿证据证明磁单极的存在.

7-9　有两根无限长的平行载流直导线中电流的流向相同.如果取一平面垂直于这两根导线，那么此平面上的磁感线分布大致是怎样的？

答：如问题 7-9 图所示.

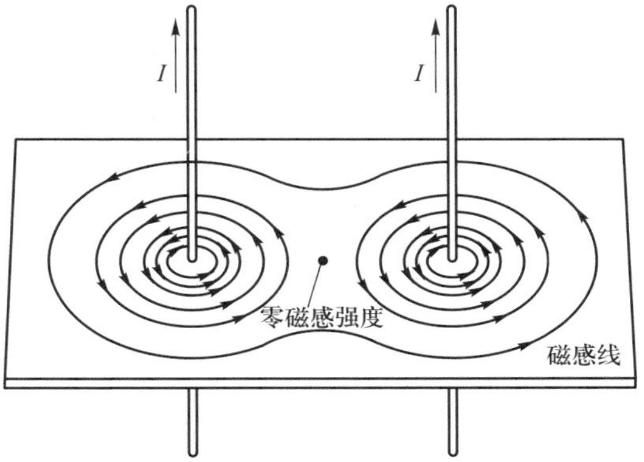

问题 7-9 图

7-10　电流分布如问题 7-10 图所示，图中有三个环路 1、2 和 3.磁感强度沿其中每一个环路的线积分各为多少？

答：由图中电流流向可知，$\oint_1 \boldsymbol{B}\cdot \mathrm{d}\boldsymbol{l}=0$，$\oint_2 \boldsymbol{B}\cdot \mathrm{d}\boldsymbol{l}=-\mu_0 I$，$\oint_3 \boldsymbol{B}\cdot \mathrm{d}\boldsymbol{l}=\mu_0 I$.

7-11　在下面三种情况下，能否用安培环路定理来求磁感强度？为什么？(1) 有限长载流直导线产生的磁场；(2) 圆电流产生的磁场；(3) 两个无限长同轴载流圆柱面之间的磁场.

答：严格地说，本题指能否用安培环路定理的积分形式来求解 $\boldsymbol{B}$.对此有：

(1) 不能.因为有限长载流直导线是载流闭合回路的一部分，虽然有限长载流直导线激发的磁场具有空间轴对称性(不具有柱对称性)，然而在该空间还存在由载流闭合回路(除有限长载流直导线外)另一部分激发的不具有对称性的磁场，这样考虑磁场叠加原理，选轴对称回路，有 $\oint \boldsymbol{B}\cdot \mathrm{d}\boldsymbol{l}=\oint(\boldsymbol{B}_{直}+\boldsymbol{B}_{余})\cdot \mathrm{d}\boldsymbol{l}$

$=\oint \boldsymbol{B}_{直}\cdot \mathrm{d}\boldsymbol{l}+\oint \boldsymbol{B}_{余}\cdot \mathrm{d}\boldsymbol{l}=B_{直}\cdot 2\pi r+\oint \boldsymbol{B}_{余}\cdot \mathrm{d}\boldsymbol{l}=\mu_0 I$

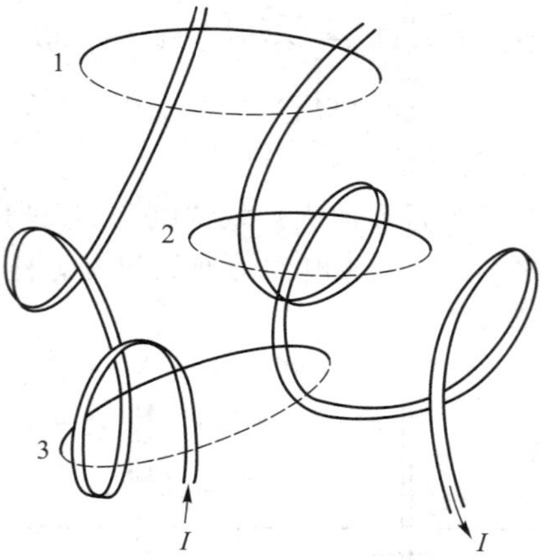

问题 7-10 图

得

$$B_{直}=\frac{\mu_0 I}{2\pi r}-\oint \boldsymbol{B}_{余}\cdot \mathrm{d}\boldsymbol{l}$$

由于 $\oint \boldsymbol{B}_{余}\cdot \mathrm{d}\boldsymbol{l}$ 无法获知,所以 $B_{直}$ 解亦不能获知.

(2) 不能.因为圆电流形成的磁场空间各点的磁感强度 $\boldsymbol{B}$ 的大小与方向不一样,故无法找到一闭合回路使 B 从积分 $\oint \boldsymbol{B}\cdot \mathrm{d}\boldsymbol{l}$ 中提出来,从而不能求圆电流在空间产生的磁场.

(3) 能.因为两无限长同轴载流圆柱面在空间产生的磁场具有柱对称性,即与轴等距离的各点的磁感强度 $\boldsymbol{B}$ 的大小相等,沿以该轴各点为圆心作半径为 r(r 在两柱面间)的圆的切线方向,故若以上述圆周为闭合回路,则可使 B 从积分 $\oint \boldsymbol{B}\cdot \mathrm{d}\boldsymbol{l}$ 中提出来,即 $\oint \boldsymbol{B}\cdot \mathrm{d}\boldsymbol{l}=\oint B\mathrm{d}l=B\oint \mathrm{d}l=\mu_0 I$,所以,由安培环路定理可求出磁感强度 $\boldsymbol{B}$.

7-12　如问题 7-12 图所示,在一个圆形电流的平面内取一个同心的圆形闭合回路,并使这两个圆同轴,且互相平行.因为此闭合回路内不包含电流,所以把安培环路定理用于上述闭合回路,可得 $\oint_l \boldsymbol{B}\cdot \mathrm{d}\boldsymbol{l}=0$,由此结果能否说,在闭合回路上各点的磁感强度为零?

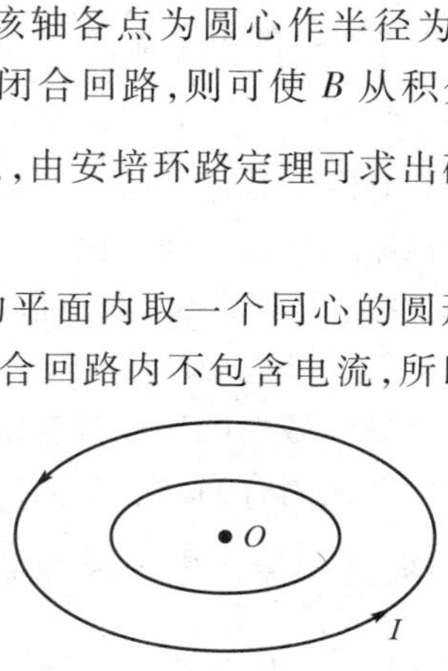

问题 7-12 图

答:式 $\oint_l \boldsymbol{B}\cdot \mathrm{d}\boldsymbol{l}=0$ 不能说明在闭合回路上各

点的磁感强度 $\boldsymbol{B}$ 为零.从数学意义上讲,环路积分 $\oint_l \boldsymbol{B}\cdot \mathrm{d}\boldsymbol{l}=0$ 与被积函数 $\boldsymbol{B}$ 为零是两个不同的概念.实际上在圆形电流平面内任一点的 $\boldsymbol{B}$ 的方向垂直于该平面,当然也垂直于在该平面内的闭合回路上任取的线元 $\mathrm{d}\boldsymbol{l}$,从而使 $\oint_l \boldsymbol{B}\cdot \mathrm{d}\boldsymbol{l}=0$.

7-13　如问题 7-13 图所示,设在水平面内有许多根长直载流导线彼此紧挨着排成一行,每根导线中的电流相同.你能求出邻近平面中部 A、B 两点的磁感强度吗? A、B 两点附近的磁场可看作均匀磁场吗?

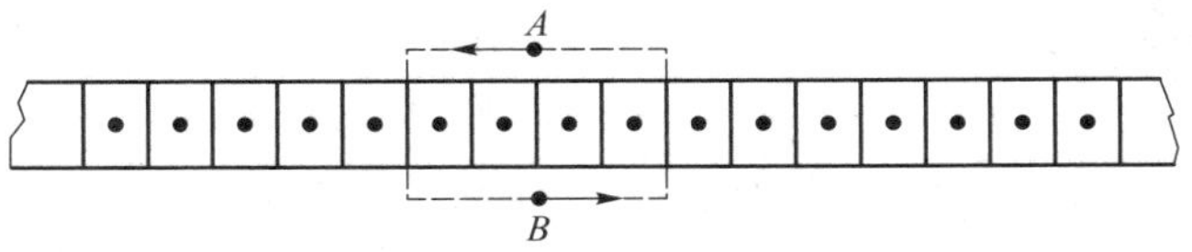

问题 7-13 图

答:若 A、B 两点非常靠近平面,且到平面的垂直距离远小于平面的宽度,则平面可视为无限大平面,A、B 两点附近的磁场可看作均匀磁场.根据对称性知平面上端任意点(如点 A)的磁感强度方向向左,平面下端任意点(如点 B)的磁感强度方向向右且数值相等,则选取如问题 7-13 图所示的回路用安培环路定理可求出 A、B 两点的磁感强度.若 A、B 两点不靠近平面,则平面不可视为无限大平面,可根据毕奥-萨伐尔定律分析和求出 A、B 两点的磁感强度,分析 A、B 两点附近的磁场表明,磁场不可看作均匀磁场.

7-14　如果一个电子在通过空间某一区域时,电子运动的路径不发生偏转,那么我们能否说在这个区域内没有磁场?

答:一般不能这么说.下列三种情况,电子在磁场中运动时都不发生偏转.

(1) 当电子在匀强磁场中运动时,若电子的速度方向与磁感强度 $\boldsymbol{B}$ 的方向一致,则电子沿直线运动而不发生偏转.

(2) 若该区域存在一与磁场垂直的电场,当电子以垂直于 $\boldsymbol{E}$ 和 $\boldsymbol{B}$ 的方向入射时,只要满足

$$E=vB$$

电子亦作直线运动而不发生偏转.

(3) 没有磁场的空间,当然电子运动也不偏转,这是个特例.

7-15　公式 $\boldsymbol{F}=q\boldsymbol{v}\times\boldsymbol{B}$ 中的三个矢量,哪些矢量始终是正交的? 哪些矢量之间可以有任意角度?

答:矢量 $\boldsymbol{F}$ 始终垂直于矢量 $\boldsymbol{v}$ 和矢量 $\boldsymbol{B}$,即垂直于由矢量 $\boldsymbol{v}$、$\boldsymbol{B}$ 所确定的平面;矢量 $\boldsymbol{v}$、$\boldsymbol{B}$ 之间可以有任意夹角.

7-16 一质子束发生了侧向偏转,造成这个偏转的原因可否是电场?可否是磁场?你怎样判断是哪一种场对它的作用?

答:一质子束发生侧向偏转,造成偏转的原因可能是电场,也可能是磁场.从受力的角度分析,质子束在电场中受到电场力 $\boldsymbol{F}=q\boldsymbol{E}$,力的方向与电场强度的方向一致,当质子束的运动速度的方向与电场强度的方向有夹角时就发生偏转,而当质子束的运动速度的方向与匀强电场中电场强度的方向平行时质子束沿直线运动;质子束在磁场中受到洛伦兹力 $\boldsymbol{F}=q\boldsymbol{v}\times\boldsymbol{B}$,洛伦兹力 $\boldsymbol{F}$ 的方向垂直于质子束运动速度 $\boldsymbol{v}$ 和磁场 $\boldsymbol{B}$ 组成的平面,当 $\boldsymbol{v}$ 平行于均匀磁场 $\boldsymbol{B}$ 时质子束作直线运动,当 $\boldsymbol{v}$ 与 $\boldsymbol{B}$ 有夹角时质子束一般作螺旋运动(在均匀磁场中 $\boldsymbol{v}$ 垂直于 $\boldsymbol{B}$ 时质子束作圆周运动).所以我们可以改变质子束的运动方向,作螺旋运动(或圆周运动)时为在磁场中运动,反之在电场中运动.另外,亦可从做功角度考虑,质子束在电场中运动,电场力做功;在磁场中运动,洛伦兹力不做功.所以可根据速度大小的改变与否来判断,若速度大小有改变,为在电场中运动,反之则在磁场中运动.

7-17 均匀磁场和磁感强度 $\boldsymbol{B}$ 的方向垂直纸面向里,如果两个电子以大小相等、方向相反的速度沿水平方向射出,试问这两个电子作何运动?如果一个是电子,一个是正电子,它们的运动又将如何?

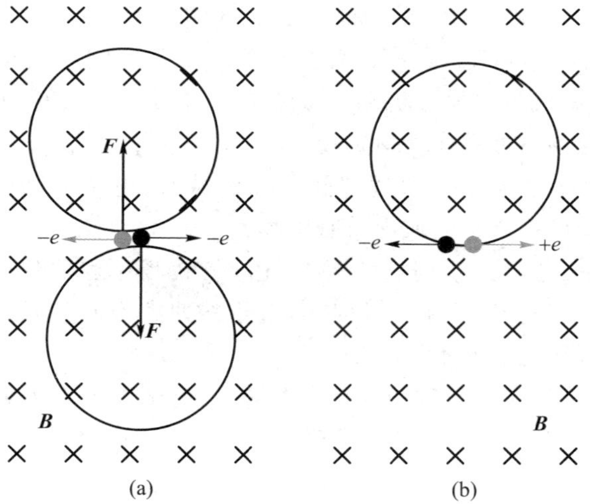

问题 7-17 图

答:如问题 7-17 图所示,在与磁感强度 $\boldsymbol{B}$ 垂直的平面内看两电子的运动.若两电子以大小相等方向相反的速度水平射出,由洛伦兹力公式 $\boldsymbol{F}=-e\boldsymbol{v}\times\boldsymbol{B}$ 知,两电子作运动方向相反、分处两个圆周上的圆周运动[问题 7-17 图(a)];若一个为电子,一个为正电子,则在同一个圆周上运动,而运动方向相反[问题 7-17

图(b)].值得指出的是,上述结果是在不考虑电子与电子间的电力作用以及因电子运动而产生的磁场作用下具有的特征,否则情况较为复杂.

7-18　在均匀磁场中有一电子枪,它可发射出速率分别为 v 和 $2v$ 的两个电子.这两个电子的速度方向相同,且均与 $\boldsymbol{B}$ 垂直.试问这两个电子各绕行一周所需的时间是否有差别?

答:当不考虑相对论效应时,回旋周期公式为 $T=\dfrac{2\pi m}{qB}$,由此可知,这两个电子各绕行一周所需的时间相等,与速率无关.这也是回旋加速器的重要工作原理之一.

7-19　如问题 7-19 图所示,在立方体的角上有一些速度大小为 v 的正电荷 q,速度的方向如图中箭头所示.在立方体的区域内,有一个磁感强度为 $\boldsymbol{B}$ 的均匀磁场,它的方向沿 y 轴的正方向.试问作用在每个电荷上的力的大小和方向如何?

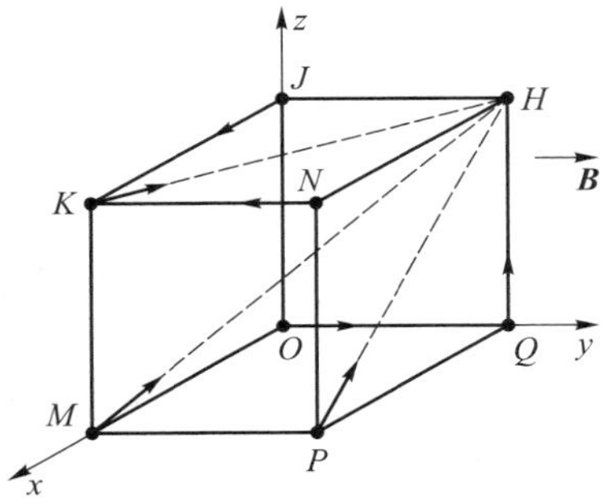

问题 7-19 图

答:从问题 7-19 图中可得到每个正电荷的速度,再由洛伦兹力公式 $\boldsymbol{F}=q\boldsymbol{v}\times\boldsymbol{B}$ 可得各顶角处的电荷受力,比如点 J 处电荷受力为

$$\boldsymbol{F}_J=q(v\boldsymbol{i})\times(B\boldsymbol{j})=qvB\boldsymbol{k}$$

即 $F_J=qvB$,沿 z 轴正方向;其余点处的电荷所受的力依次分别为

$$\boldsymbol{F}_K=q\left(-\frac{\sqrt{2}}{2}v\boldsymbol{i}+\frac{\sqrt{2}}{2}v\boldsymbol{j}\right)\times(B\boldsymbol{j})=-\frac{\sqrt{2}}{2}qvB\boldsymbol{k}$$

即 $F_K=\dfrac{\sqrt{2}}{2}qvB$,沿 z 轴负方向;

$$\boldsymbol{F}_N=q(-v\boldsymbol{j})\times(B\boldsymbol{j})=0$$

$$F_{\mathrm{H}}=q\times 0\times(B\boldsymbol{j})=0$$

$$\boldsymbol{F}_M=qv\left(-\frac{\sqrt{3}}{3}\boldsymbol{i}+\frac{\sqrt{3}}{3}\boldsymbol{j}+\frac{\sqrt{3}}{3}\boldsymbol{k}\right)\times(B\boldsymbol{j})=-\frac{\sqrt{3}}{3}qvB(\boldsymbol{k}+\boldsymbol{i})$$

即 $F_M=\dfrac{\sqrt{6}}{3}qvB$,沿 x 轴负方向和 z 轴负方向的角平分线方向;

$$\boldsymbol{F}_O=q(v\boldsymbol{j})\times(B\boldsymbol{j})=0$$

$$\boldsymbol{F}_Q=q(v\boldsymbol{k})\times(B\boldsymbol{j})=-qvB\boldsymbol{i}$$

即 $F_Q=qvB$,沿 x 轴负方向;

$$F_P = q\left(-\frac{\sqrt{2}}{2}v\boldsymbol{i} + \frac{\sqrt{2}}{2}v\boldsymbol{k}\right) \times (B\boldsymbol{j}) = -\frac{\sqrt{2}}{2}qvB\boldsymbol{k} - \frac{\sqrt{2}}{2}qvB\boldsymbol{i}$$

即 $F_P = qvB$,沿 x 轴负方向和 z 轴负方向的角平分线方向.

在上述讨论中只考虑了均匀磁场 $\boldsymbol{B}$ 对各运动电荷的作用,而没有考虑运动电荷自身产生的电场和磁场对其他运动电荷的作用.

7-20　在无限长的载流直导线附近取两点 A 和 B,A、B 到导线的垂直距离均相等.若将一电流元 Idl 先后放置在这两点上,试问此电流元所受到的磁力是否一定相同?

答:要看电流元放置在 A、B 两点上的取向如何才能确定.由于点 A 和点 B 距导线的垂直距离相等,所以 A、B 两点处的磁感强度大小相等.若把电流元先后放置到这两点,由安培力公式 $\mathrm{d}\boldsymbol{F} = I\mathrm{d}\boldsymbol{l}\times\boldsymbol{B}$,知安培力的大小 $|\mathrm{d}\boldsymbol{F}| = I|\mathrm{d}\boldsymbol{l}|B\sin\theta$,可见,安培力的大小除了与电流、长度、磁感强度的大小有关外,还与电流元的取向 θ 有关.

7-21　安培定律 $\mathrm{d}\boldsymbol{F} = I\mathrm{d}\boldsymbol{l}\times\boldsymbol{B}$ 中的三个矢量,哪两个矢量始终是正交的? 哪两个矢量之间可以有任意角度?

答:$\mathrm{d}\boldsymbol{F}$ 与 $\mathrm{d}\boldsymbol{l}$ 和 $\boldsymbol{B}$ 始终正交,而 $\mathrm{d}\boldsymbol{l}$ 与 $\boldsymbol{B}$ 之间可以有任意角度.

7-22　一根有限长的载流直导线在均匀磁场中沿着磁感线移动,磁力对它是否总是做功? 什么情况下磁力做功? 什么情况下磁力不做功?

答:对安培力而言,由于 $\mathrm{d}\boldsymbol{F} = I\mathrm{d}\boldsymbol{l}\times\boldsymbol{B}$,$\mathrm{d}\boldsymbol{F}$ 垂直于 $\mathrm{d}\boldsymbol{l}$ 和 $\boldsymbol{B}$ 决定的平面,而棒的运动速度又沿 $\boldsymbol{B}$ 的方向,所以磁力宏观上不对棒做功.

7-23　如问题 7-23 图所示,在空间有三根同样的导线,它们相互间的距离相等,通过它们的电流大小相等、流向相同.设除了相互作用的磁力以外,其他的影响可以忽略,它们将如何运动?

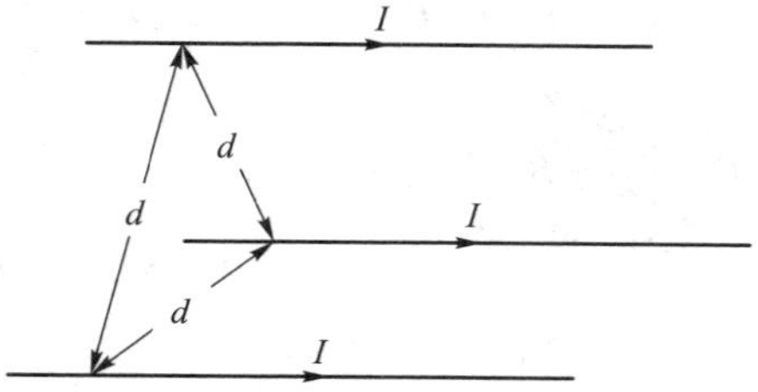

问题 7-23 图

答:由于同向电流导线相互吸引,且题中导线间相互作用力大小相等,因而每根导线所受合力指向正三角形中心,所以三根导线分别向着三角形中心靠近,最后会聚于过三角形中心且与导线平行的直线上.

7-24　在均匀磁场中,有两个面积相等、通过电流相同的线圈,一个是三角形,另一个是矩形.这两个线圈所受的最大磁力矩是否相等? 磁力的合力是否相等?

答:由于三角形、矩形线圈的面积相等,通过电流相同,所以磁矩 $\boldsymbol{m} = I\boldsymbol{S}$ 相等.在均匀磁场中,磁力矩 $\boldsymbol{M}=\boldsymbol{m}\times\boldsymbol{B}$,所以两个线圈所受的最大磁力矩都等于 $M_{\max}=mB$.此外,由磁能公式 $W_{\mathrm{m}}=-\boldsymbol{m}\cdot\boldsymbol{B}=-ISB\cos\theta$ 可知,磁能 W_{m} 与空间位置无关.又由力的公式 $\boldsymbol{F}=-\nabla W_{\mathrm{m}}=0$ 可知,两闭合线圈在均匀磁场中所受的合力均为零.

7-25　若均匀磁场的方向竖直向下,一个矩形导线回路的平面与水平面一致.试问这个回路上的电流沿哪个方向流动时,它才能处于稳定平衡状态?

答:由线圈磁能公式 $W_{\mathrm{m}}=-\boldsymbol{m}\cdot\boldsymbol{B}$ 及能量最低时系统状态最稳定的结论可知,当线圈磁矩方向与磁场方向一致时,线圈处于稳定平衡状态.所以,从上往下看,线圈中电流方向应沿顺时针方向.

7-26　如问题 7-26 图所示,两个圆电流 A 和 B 平行放置.试问这两个圆电流间是吸引还是排斥?

答:(1)从安培力方面看."反向"电流元之间的作用力为斥力,"同向"则为吸引力.所以,圆电流 A、B 之间排斥.

(2)从磁能方面看.

由磁能公式 $W_{\mathrm{m}}=-\boldsymbol{m}\cdot\boldsymbol{B}$ 知,若 $\boldsymbol{m}/\!/-\boldsymbol{B}$(反平行),$W_{\mathrm{m}}>0$;若 $\boldsymbol{m}/\!/\boldsymbol{B}$,$W_{\mathrm{m}}<0$.

两个圆电流系统的磁能趋向于能量低的状态.因此,对于 $\boldsymbol{m}/\!/-\boldsymbol{B}$(反平行)情况,圆电流有向磁场小的位置移动的趋势,即排斥;对 $\boldsymbol{m}/\!/\boldsymbol{B}$(平行)情况,圆电流有向磁场大的位置移动的趋势,即吸引.

本题情况属于 $\boldsymbol{m}/\!/-\boldsymbol{B}$,所以两圆电流排斥.

7-27　若在上题两圆电流 A 和 B 之间放置一个平行的圆电流 C(如问题 7-27 图所示),则这个圆电流如何运动?

答:根据上题的结论知,圆电流 C 与圆电流 A 相互吸引,而圆电流 C 与圆电流 B 相互排斥,所以圆电流 C 向左移动.

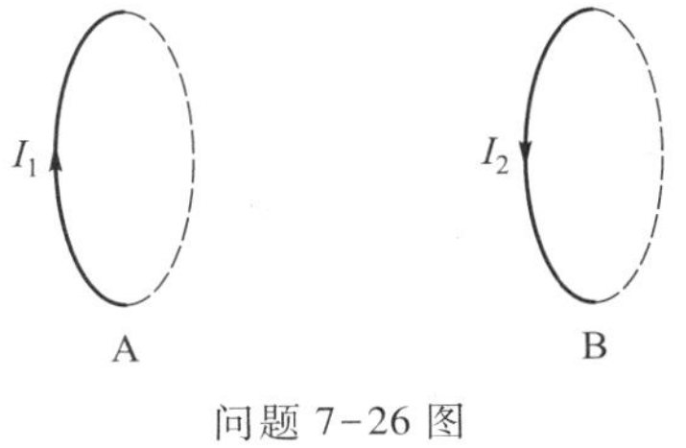

问题 7-26 图

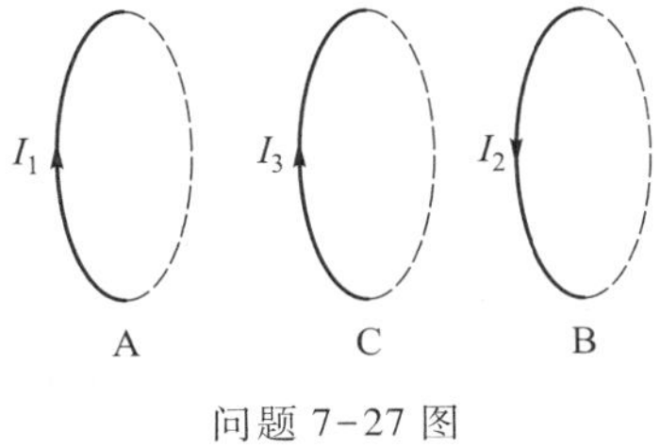

问题 7-27 图

7-28　在均匀磁场中,载流线圈的取向与其所受磁力矩有何关系?在什么情况下,磁力矩最大?在什么情况下,磁力矩最小?载流线圈处于稳定平衡时,其取向又如何?

答:在均匀磁场中,载流线圈的取向总是使其所受的磁力矩趋于最小.由于

$\boldsymbol{M}=\boldsymbol{m}\times\boldsymbol{B}$,当线圈磁矩方向平行于(或反平行)磁场方向时,磁力矩最小,$M=0$,所以线圈平面的法线方向与磁场平行(或反平行)时,磁力矩最小;当载流线圈处于稳定平衡时,磁能最小,由磁能公式 $W_{m}=-\boldsymbol{m}\cdot\boldsymbol{B}$ 可知,磁力矩方向与磁场方向平行时,磁能最小,即线圈平面的法线方向平行于磁场方向时,线圈处于稳定平衡状态.

7-29　如何使一根磁针的磁性反转过来?

答: 设该磁针是铁磁质体.由铁磁质的磁滞回线可知,应加上反向的变化磁场,如问题 7-29 图所示,反向磁场在 $0\sim H_{c}$(可超越 H_{c})反复变化多次,可将原来磁性的方向反转过来.

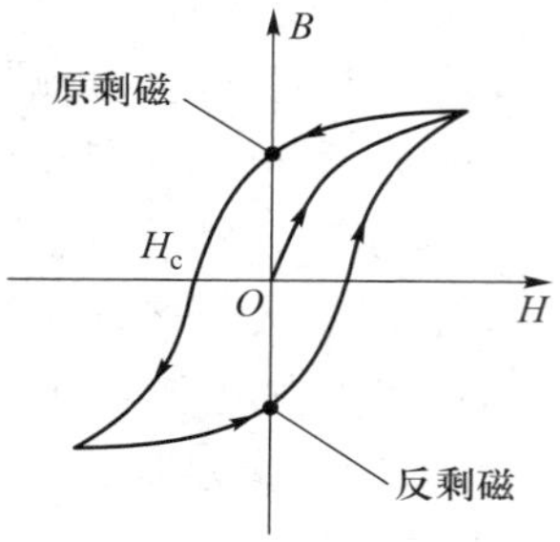

问题 7-29 图

7-30　为什么装指南针的盒子不是用铁,而是用胶木等材料做成的?

答: 如果把用磁导率很大的铁磁质做成的盒子放在外磁场中,由于盒的磁导率 μ 比 μ_{0} 大得多,所以外部的绝大部分磁感线(地球磁场)从盒的壁内通过,而穿过盒壁的磁感线就很少,从而产生“磁屏蔽”现象,铁盒中的指南针就很不灵敏,测不出外磁场的方向了.故盒子要用胶木等材料制作.

7-31　在工厂里搬运烧到赤红的钢锭时,为什么不能用电磁铁的起重机?

答: 本题属于居里点的问题.铁磁质的磁化和温度有关.随着温度的升高,它的磁化能力逐渐减小,当温度升到居里点时,铁磁质的铁磁性消失.从实验知道,铁的居里温度是 1 043 K,而烧到赤红的钢锭的温度比居里点温度高很多.若此时用电磁铁搬运赤红钢锭,设备会因磁铁的磁性消失而失效.

7-32　变压器的铁芯总是用片状硅钢叠加起来,而且片间还要涂上绝缘材料,并被压紧.如果铁芯用整块硅钢,那么工艺就简单多了,成本也将大大降低.为什么我们不采用后面这种方法呢?

答: 变压器在工作时,铁芯中的变化磁场在硅钢中会产生涡旋电流,该电流会引起热效应从而影响变压器性能.为了使涡旋电流降至最低,应沿产生涡旋电流的平面的垂直方向将硅钢切片,使产生涡旋电流的端截面非常小,这样能有效地阻止涡旋电流的产生.这就是为什么我们不采用整块铁芯的缘故.

***7-33**　为什么常温下顺磁质的磁化率总是很小?

答: 顺磁质的磁化是单原子或分子磁矩(轨道与自旋磁矩合)倾向于外磁场方向排列形成的.磁化率由磁化强度与磁场强度的比值来决定,$\boldsymbol{M}=\chi_{m}\boldsymbol{H}$.由弱场及独立粒子模型近似(无交换相互作用),理论上可求出 $\chi_{m}\approx\dfrac{N}{V}\dfrac{\mu_{a}^{2}}{3kT}$,其中 μ_{a} 为原子或分子磁矩，$\boldsymbol{\mu}_{a}\cdot\boldsymbol{H}\propto\mu_{a}^{2}$ 是单原子或分子磁能；kT 为热能；$\frac{N}{V}$ 为原子或分子数密度.这表明顺磁物质的磁化率与单原子或分子磁能与热能比值和粒子数密度有关.因此，顺磁物质磁化率小的原因如下：

（1）单原子或分子磁矩之间相互作用很弱.由于顺磁物质原子或分子之间无交换作用，因而磁矩之间无整体效应，只有独立磁矩效应，所以磁化率只与单原子或分子的磁能相关.

（2）单原子或分子的磁能小于常温下的热能.由于单原子或分子磁矩数量级为 1 μB，因而即使在 1 T 的强磁场中的磁能也远低于常温 T 下的热能 kT，这就使得顺磁物质在磁场中原子或分子磁矩转向磁场方向的效应严重受到热能的影响而削弱，则磁化率很低.

（3）顺磁物质不属于磁有序材料.磁有序材料具有交换作用，比如铁磁物质等，这类材料在居里温度点以上可以转化为顺磁相，此时具有较弱的交换作用（整体效应），则磁化率会相应较高.

综上而言，常温时顺磁物质磁化率较小，在弱场作用下有时可以忽略该磁性.

三、解题感悟

以问题 7-13 为例进行分析.

（1）将实际的情况过渡到接近理想的状态，然后从理想状态一步步地近似，慢慢可过渡到实际问题.本题的解答中就是以“先理想，后实际”的做法引导读者考虑相关问题的.

（2）“安培环路定理”和“毕奥-萨伐尔定律”是解决磁场问题的重要规律.前者，用于比较理想的情况（如具有对称性等）；后者，用于一般的情况.

第八章

电磁感应　电磁场

一、概念及规律

1. 电磁感应定律　楞次定律

（1）**电磁感应定律**　当穿过闭合回路所围面积的磁通量发生变化时，回路中将产生感应电动势，且此感应电动势等于磁通量时间变化率的负值.即

$$\mathscr{E}_{\mathrm{i}}=-\frac{\mathrm{d}\Phi}{\mathrm{d}t}$$

“-”号是楞次定律的体现.

（2）**楞次定律**　闭合回路中出现的感应电流的方向总是使它自己的磁场穿过回路面积的磁通量去抵偿引起感应电流的磁通量的改变.

2. 动生电动势　感生电动势

（1）为了便于区分，根据引起感应电动势的原因的不同分两类电动势.

动生电动势　把由回路所围面积的变化或面积取向变化而引起的感应电动势称为动生电动势.

感生电动势　把由磁感强度变化引起的感应电动势称为感生电动势.

（2）**有旋场**　根据麦克斯韦电磁理论，变化的磁场在其周围空间要激发一种电场，这个电场称为感生电场.感生电场不是保守场，而且由于感生电场的电场线是闭合的，故感生电场也称为有旋电场.

（3）**涡电流**　感应电流不仅能够在导电回路内出现，而且在大块导体中也会出现.这种在大块导体内流动的感应电流称为涡电流，简称涡流.

3. 自感　自感电动势　互感　互感电动势

（1）**自感　自感电动势**　电流为 I 的闭合回路中，穿过回路所围面积的磁通量与 I 成正比，即 $\Phi=LI$，式中 L 为比例系数，称为自感.由于电流 I 的变化在回路自身中引起的感应电动势称为自感电动势.即

$$\mathscr{E}_L = -\frac{\mathrm{d}\Phi}{\mathrm{d}t} = -L\frac{\mathrm{d}I}{\mathrm{d}t}$$

（2）**互感　互感电动势**　电流为 I_1 的闭合回路 1 所激发的磁场，同时也会穿过靠近的另一个线圈 2，且穿过线圈 2 的磁通量也必然正比于 I_1，即 $\Phi_{21}=M_{21}I_1$，式中 M_{21} 为比例系数. 同理线圈 2 中电流 I_2 所激发的磁场穿过线圈 1 的磁通量 Φ_{12} 也必然正比于 I_2，即 $\Phi_{12}=M_{12}I_2$，式中 M_{12} 为比例系数. 理论和实验证明 $M_{12}=M_{21}=M$，所以 M 称为两回路的互感. 相应的，一个线圈的电流变化在另一个线圈中所引起的电动势称为互感电动势

$$\mathscr{E}_{21} = -M\frac{\mathrm{d}I_1}{\mathrm{d}t} \quad 或 \quad \mathscr{E}_{12} = -M\frac{\mathrm{d}I_2}{\mathrm{d}t}$$

4. 磁场能量及磁能密度

（1）**磁场能量**　在电流激发磁场的过程中，也是要供给能量的，所以磁场也具有能量. 对自感为 L 的线圈来说，当其电流为 I 时，磁场能量 $W_m=\frac{1}{2}LI^2$.

（2）**磁场能量密度**　单位体积内磁场的能量，即 $w_m=\frac{W_m}{V}=\frac{B^2}{2\mu}$.

5. 位移电流　麦克斯韦方程组的积分形式及电磁场理论

（1）**位移电流**　麦克斯韦为修正恒定电流中的安培环路定理提出：电位移通量 Ψ 的时间变化率 $\mathrm{d}\Psi/\mathrm{d}t$ 称为位移电流；而且位移电流和传导电流一样，也会在其周围空间激起磁场. 麦克斯韦认为变化的电场与变化的磁场是密切联系在一起的，存在变化的电场的空间必存在变化的磁场，同样存在变化的磁场的空间也必存在变化的电场，它们构成一个统一的电磁场整体. 这就是麦克斯韦关于电磁场的基本概念.

（2）**麦克斯韦方程组的积分形式**

$$\oint_S \boldsymbol{D}\cdot\mathrm{d}\boldsymbol{S} = \int_V \rho\,\mathrm{d}V = q$$

$$\oint_L \boldsymbol{E}\cdot\mathrm{d}\boldsymbol{l} = -\int_S \frac{\partial \boldsymbol{B}}{\partial t}\cdot\mathrm{d}\boldsymbol{S}$$

$$\oint_S \boldsymbol{B}\cdot\mathrm{d}\boldsymbol{S} = 0$$

$$\oint_L \boldsymbol{H}\cdot\mathrm{d}\boldsymbol{l} = \int_S\left(\boldsymbol{j}+\frac{\partial \boldsymbol{D}}{\partial t}\right)\cdot\mathrm{d}\boldsymbol{S}$$

二、思考及解答

8-1　在电磁感应定律公式 $\mathscr{E}_i=-\mathrm{d}\Phi/\mathrm{d}t$ 中，负号的意义是什么？你是如何根据负号来确定感应电动势的方向的？

答：负号表示感应电动势方向总是阻碍磁通量变化的方向，是楞次定律的数学表达.先由右手定则确定回路绕行正方向及法线方向 $\boldsymbol{e}_n$，再由 $\mathrm{d}\Phi=\boldsymbol{B}\cdot\mathrm{d}\boldsymbol{S}$ 判断回路中的 $\mathrm{d}\Phi/\mathrm{d}t$ 是增还是减.若 $\mathrm{d}\Phi/\mathrm{d}t>0$(增)，则$\mathscr{E}_i<0$，与绕行正方向相反；若 $\mathrm{d}\Phi/\mathrm{d}t<0$(减)，则$\mathscr{E}_i>0$，与绕行正方向相同.

8-2　如问题 8-2 图所示，在一根长直导线 L 中通有电流 I，$ABCD$ 为一矩形线圈，试确定在下列情况下，$ABCD$ 上的感应电动势的方向：(1) 矩形线圈在纸面内向右移动；(2) 矩形线圈绕 AD 轴旋转；(3) 矩形线圈以直导线为轴旋转.

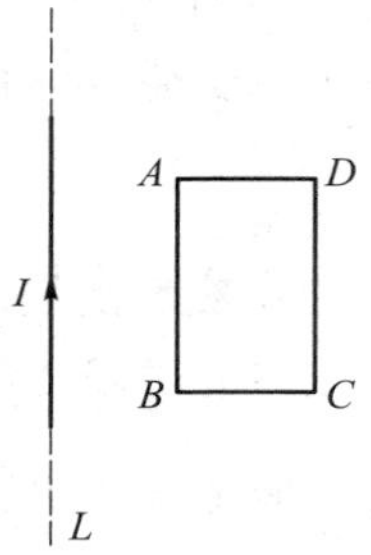

问题 8-2 图

答：(1) 矩形线圈感应电动势的方向为顺时针.这是因为矩形线圈在纸面内向右移动过程中，穿过线圈内的磁通减少，由楞次定律知感应电流的磁场要阻碍原磁场磁通量的减少，与线圈 $ABCD$ 内的原磁场方向(垂直纸面向里)相同，由右手螺旋定则知 $ABCD$ 上的感应电动势方向顺时针.

(2) $ABCDA$ 线圈绕 AD 轴转动达到第一次垂直纸面前，穿过线圈的磁通量减少，由楞次定律可知感应电流的磁场要阻碍原磁场磁通量的减少，与线圈内原磁场方向相同，则线圈内的感应电动势方向顺时针.过了垂直纸面后，情况与上述相反，则电动势方向逆时针.

(3) 因线圈以直导线为轴旋转时，矩形线圈的磁通量无变化，故线圈内无感应电动势.

8-3　当我们把条形磁铁沿铜质圆环的轴线插入铜环中时，铜环中有感应电流和感应电场吗？如用塑料圆环替代铜质圆环，环中仍有感应电流和感应电场吗？

答：第一种情况，因铜环回路中有磁场(磁通)的变化，且回路中有可移动的电子，所以有感应电流及感应电场.第二种情况，圆环内的磁通仍随时间变化，故有感应电场.但因塑料圆环中无载流子，故无感应电流.

8-4　如问题 8-4 图所示，铜棒在均匀磁场中作下列各种运动，试问在哪种运动中铜棒上会产生感应电动势？其方向怎样？设磁感强度的方向竖直向下.(1) 铜棒向右平移[图(a)]；(2) 铜棒绕通过其中心的轴在垂直于 $\boldsymbol{B}$ 的平面内转动[图(b)]；(3) 铜棒绕通过中心的轴在竖直平面内转动[图(c)].

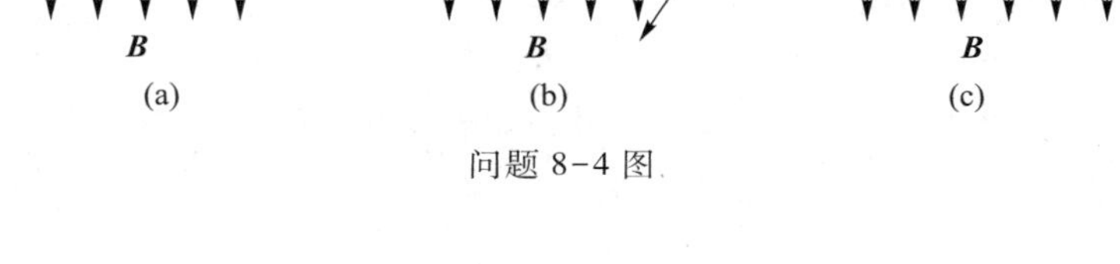

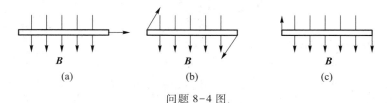

问题 8-4 图

答：以下情况均不考虑棒端的截面大小.

由 $\mathrm{d}\mathscr{E}=(\boldsymbol{v}\times\boldsymbol{B})\cdot\mathrm{d}\boldsymbol{l}$ 可知，在 $\boldsymbol{v}$、$\boldsymbol{B}$、$\mathrm{d}\boldsymbol{l}$ 三者之间无任意二者平行时，或$(\boldsymbol{v}\times\boldsymbol{B})$不垂直于 $\mathrm{d}\boldsymbol{l}$ 时，才有电动势.

（1）因铜棒的取向与速度方向平行，所以，铜棒中无感应电动势.

（2）根据铜棒以角速度在垂直磁场 $\boldsymbol{B}$ 的平面内旋转切割产生的感应电动势公式$\mathscr{E}=\dfrac{1}{2}B\omega L^2$ 可知，铜棒绕中心的轴在垂直于 $\boldsymbol{B}$ 的平面内转动时，在中心到两端产生大小相等、方向相反的电动势，使铜棒的两个端点电势相同，故若以棒的两端而言，总感应电动势为零；若以中心与两端而言，则有感应电动势.

（3）铜棒中无感应电动势，因铜棒旋转时，始终有$(\boldsymbol{v}\times\boldsymbol{B})\perp\mathrm{d}\boldsymbol{l}$，所以无感应电动势.

8-5　把一铜环放在均匀磁场中，并使环的平面与磁场的方向垂直.如果使环沿着磁场的方向移动[问题 8-5 图(a)]，在铜环中是否产生感应电流？为什么？如果磁场是不均匀的[问题 8-5 图(b)]，是否产生感应电流？为什么？

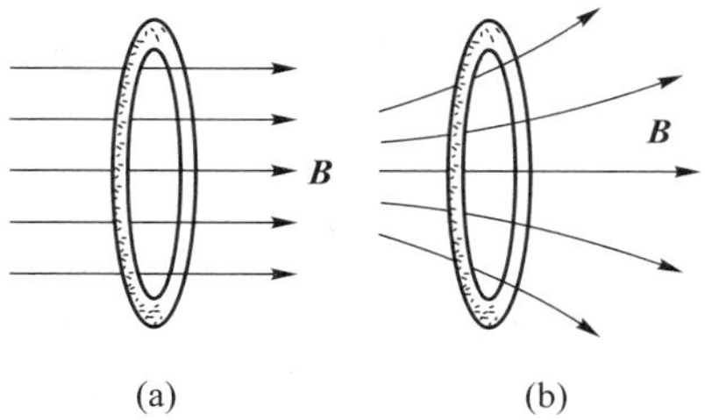

问题 8-5 图

答：第一种情况中，无感应电流，因为环在移动过程中环内的磁通量不发生变化，所以无感应电动势，也就不会有感应电流；第二种情况中，产生感应电流 I_i，因为环中的磁通量随着环沿磁场方向的移动而发生变化，从而有感应电动势产生，也就有感应电流.

8-6　一个面积为 S 的导电回路，其正法向单位矢量 $\boldsymbol{e}_n$ 的方向与均匀磁场 $\boldsymbol{B}$ 的方向之间的夹角为 θ，且 $\boldsymbol{B}$ 的值随时间的变化率为 $\mathrm{d}B/\mathrm{d}t$.试问角 θ 为何值时，回路中$\mathscr{E}_i$ 的值最大；角 θ 为何值时，$\mathscr{E}_i$ 的值又最小？请解释之.

答：当 $\theta=0$ 或 π 时，$\mathscr{E}_i$ 最大；当 $\theta=\dfrac{\pi}{2}$时，$\mathscr{E}_i$ 最小.

由于$\mathscr{E}_i=-\dfrac{\mathrm{d}\Phi}{\mathrm{d}t}=-\dfrac{\mathrm{d}}{\mathrm{d}t}\int_S\boldsymbol{B}\cdot\mathrm{d}\boldsymbol{S}=-\int_S\dfrac{\mathrm{d}\boldsymbol{B}}{\mathrm{d}t}\cdot\mathrm{d}\boldsymbol{S}$，当 $\theta=0$ 或 π 时，$\dfrac{\mathrm{d}\boldsymbol{B}}{\mathrm{d}t}/\!/\boldsymbol{e}_n$（平行）或$\dfrac{\mathrm{d}\boldsymbol{B}}{\mathrm{d}t}/\!/-\boldsymbol{e}_n$（反平行），$\mathscr{E}_i$ 的值最大；当 $\theta=\dfrac{\pi}{2}$时，$\dfrac{\mathrm{d}\boldsymbol{B}}{\mathrm{d}t}\perp\boldsymbol{e}_n$（垂直），$\mathscr{E}_i$ 的值最小为零.

如果均匀磁场不随时间改变，而是导电回路在磁场中旋转，上述结论却会颠倒.你能推演得出此结论吗？

8-7　把一根条形永久磁铁从闭合长直螺线管的左端插入，由右端抽出.试用图表示在这个过程中所产生的感应电流的方向.

答:若以 N 极从左插入,分三个过程讨论:

(1) 部分进入

因磁通量增加,则由楞次定律可判断感应电流方向如问题 8-7 图(a)所示.

(2) 全部进入

因无磁通变化,所以,无感应电流产生,如问题 8-7 图(b)所示.

(3) 部分出来

因磁通量减少,则由楞次定律可判断感应电流方向如问题 8-7 图(c)所示.

若以 S 极从左插入,电流流向情况请读者自己试着分析一下.

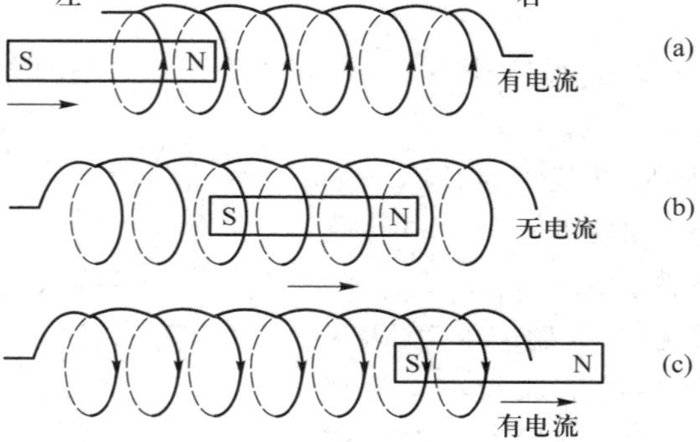

问题 8-7 图

如果闭合螺线管被一根长度足够大的铜管取代,上述情况会发生什么变化?

8-8 有人认为可以采用下述方法来测量炮弹的速度.在炮弹的尖端插一根细小的磁性不变化的磁针,那么,炮弹在飞行中连续通过相距为 r 的两个线圈后,由于电磁感应,线圈中会产生时间间隔为 Δt 的两个电流脉冲.你能据此测出炮弹速度的值吗? 如 $r=0.1\ \mathrm{m}$,$\Delta t=2\times10^{-4}\ \mathrm{s}$,炮弹的速度为多少?

答:脉冲电流是由于炮弹飞过线圈激起电磁感应而产生的.作为粗略估算,把炮弹视为弹丸.故脉冲时间间隔(见问题 8-8 图)即为炮弹在两线圈之间飞行的时间,所以 $v=\dfrac{r}{\Delta t}=500\ \mathrm{m/s}$.

8-9 如问题 8-9 图所示,在两磁极之间放置一圆形的线圈,线圈的平面与磁场垂直.问在下述各种情况下,线圈中是否产生感应电流? 并指出其方向.(1) 把线圈拉扁时;(2) 把其中一个磁极很快地移去时;(3) 把两个磁极慢慢地同时移去时.

答:以下皆从上向下观察线圈:

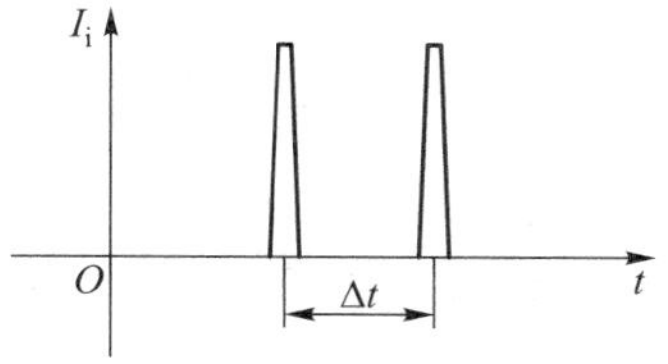

问题 8-8 图

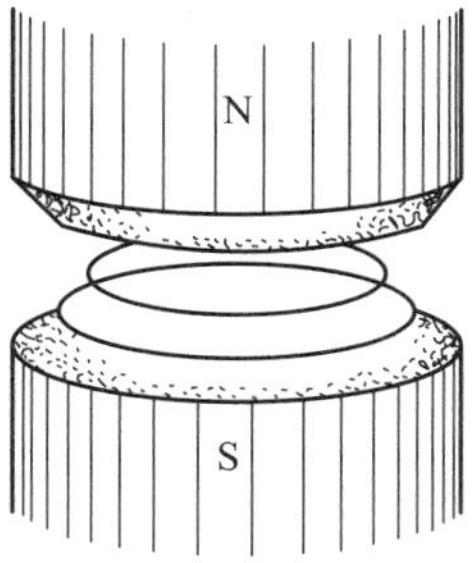

问题 8-9 图

（1）因为周长一定时，圆面积最大，所以，线圈拉扁时，面积变小，由法拉第感应定律知，线圈内磁通 Φ 变小.根据电磁感应定律，有感应电流产生（顺时针方向）.

（2）无论哪一个磁极取走，磁感强度皆在原方向上减小，导致 Φ 变小，所以根据电磁感应定律，有感应电流产生（顺时针方向）.

（3）定性地说，由于磁通的变化缓慢，产生的电动势较小，则感应电流很小，方向可根据楞次定律得知沿顺时针方向；半定量地说，若初始磁通量为 Φ，导线电阻为 R，由 $\frac{\mathrm{d}q}{\mathrm{d}t}=\frac{-\frac{\mathrm{d}\Phi}{\mathrm{d}t}}{R}$ 可得时间 t 结束后流过导线的电荷量为 $Q=-\frac{1}{R}\int_{\Phi}^{0}\mathrm{d}\Phi=\frac{\Phi}{R}$，则 t 时间内平均电流 $I=\frac{Q}{t}=\frac{\Phi}{Rt}$.因时间 t 很长，则平均电流很小，只要过程是均匀的，瞬时电流也很小，这与定性结论是一样的.

值得注意的是，该过程可能会出现导线被拖曳的情况，这也是楞次定律导致的必然结果.

8-10　如问题 8-10 图所示，均匀磁场被限制在半径为 R 的圆柱体内，且其中磁感强度随时间的变化率 $\mathrm{d}B/\mathrm{d}t=$ 常量，试问：在回路 L_1 和 L_2 上各点的 $\mathrm{d}B/\mathrm{d}t$ 是否均为零？各点的 $\boldsymbol{E}_\mathrm{k}$ 是否均为零？$\oint_{L_1}\boldsymbol{E}_\mathrm{k}\cdot\mathrm{d}\boldsymbol{l}$ 和 $\oint_{L_2}\boldsymbol{E}_\mathrm{k}\cdot\mathrm{d}\boldsymbol{l}$ 各为多少？

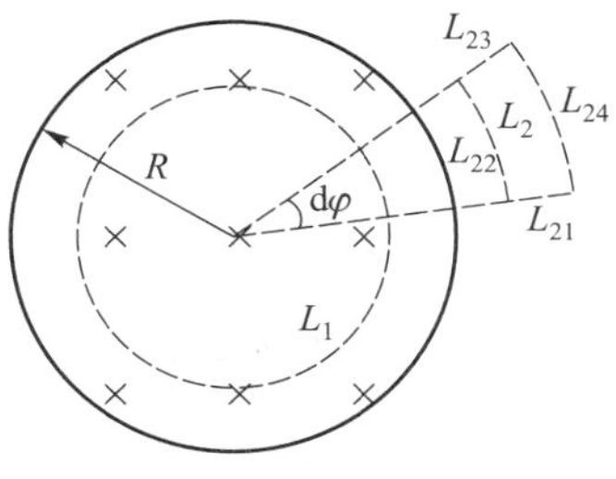

问题 8-10 图

答：因回路 L_1 处磁场之中，所以 $\frac{\mathrm{d}B}{\mathrm{d}t}$ 不为零，而回路 L_2 不处磁场之中，所以 $\frac{\mathrm{d}B}{\mathrm{d}t}$ 为零.因感应电

场来自磁场变化的传播,所以各点感应电场 E_i 不为零.本题从电磁感应定律 $\mathscr{E}=\frac{\partial}{\partial t}\int \boldsymbol{B}\cdot \mathrm{d}\boldsymbol{S}$(不考虑方向)求感应电动势,很容易得到 $\mathscr{E}_{L_1}=\oint_{L_1}\boldsymbol{E}_{\mathrm{k}}\cdot \mathrm{d}\boldsymbol{l}=\frac{\mathrm{d}B}{\mathrm{d}t}\pi r^2$($r$ 为回路 L_1 的半径),$\mathscr{E}_{L_2}=\oint_{L_2}\boldsymbol{E}_{\mathrm{k}}\cdot \mathrm{d}\boldsymbol{l}=0$ 的结果.

也可从涡旋电场 $\boldsymbol{E}_{\mathrm{k}}$ 直接计算而得.

先确定空间各点的 $\boldsymbol{E}_{\mathrm{k}}$ 分布.由电磁感应定律、电动势的定义及涡旋电场的对称性可得:

(1) $r<R$ 时,$E_{\mathrm{k}}=\frac{1}{2}\frac{\mathrm{d}B}{\mathrm{d}t}r$,$E_{\mathrm{k}}$ 的方向沿圆柱体圆周的切线方向.

(2) $r>R$ 时,$E_{\mathrm{k}}=\frac{1}{2}\frac{\mathrm{d}B}{\mathrm{d}t}\frac{R^2}{r}$,$E_{\mathrm{k}}$ 的方向同(1).

回路 L_1 和 L_2 的电动势分别为

(1) $\mathscr{E}_{L_1}=\oint_{L_1}\boldsymbol{E}_{\mathrm{k}}\cdot \mathrm{d}\boldsymbol{l}=\frac{1}{2}\frac{\mathrm{d}B}{\mathrm{d}t}\int_{L_1} r\mathrm{d}l=\frac{\mathrm{d}B}{\mathrm{d}t}\pi r^2$

(2)
$$\begin{aligned}\mathscr{E}_{L_2}&=\oint_{L_2}\boldsymbol{E}_{\mathrm{k}}\cdot \mathrm{d}\boldsymbol{l}\\&=\int_{L_{21}}\boldsymbol{E}_{\mathrm{k}1}\cdot \mathrm{d}\boldsymbol{l}_1+\int_{L_{22}}\boldsymbol{E}_{\mathrm{k}2}\cdot \mathrm{d}\boldsymbol{l}_2+\int_{L_{23}}\boldsymbol{E}_{\mathrm{k}3}\cdot \mathrm{d}\boldsymbol{l}_3+\int_{L_{24}}\boldsymbol{E}_{\mathrm{k}4}\cdot \mathrm{d}\boldsymbol{l}_4\\&=\int_{L_{22}}\boldsymbol{E}_{\mathrm{k}2}\cdot \mathrm{d}\boldsymbol{l}_2+\int_{L_{24}}\boldsymbol{E}_{\mathrm{k}4}\cdot \mathrm{d}\boldsymbol{l}_4\end{aligned}$$

(因为 $\boldsymbol{E}_{\mathrm{k}1}\perp \mathrm{d}\boldsymbol{l}_1$,$\boldsymbol{E}_{\mathrm{k}3}\perp \mathrm{d}\boldsymbol{l}_3$)

因 $\mathrm{d}\boldsymbol{l}_2$、$\mathrm{d}\boldsymbol{l}_4$ 中总有一个方向分别与 $\boldsymbol{E}_{\mathrm{k}2}$、$\boldsymbol{E}_{\mathrm{k}4}$ 中方向相反,所以,上式中的两项差一负号,于是

$$\begin{aligned}\mathscr{E}_{L_2}&=\int_{L_{22}}E_{\mathrm{k}2}\cdot \mathrm{d}l_2-\int_{L_{24}}E_{\mathrm{k}4}\cdot \mathrm{d}l_4\\&=\frac{1}{2}\frac{\mathrm{d}B}{\mathrm{d}t}\frac{R^2}{r_2}r_2\mathrm{d}\varphi-\frac{1}{2}\frac{\mathrm{d}B}{\mathrm{d}t}\frac{R^2}{r_4}r_4\mathrm{d}\varphi=0\end{aligned}$$

式中,r_2、r_4 分别是路径 L_{22}、L_{24} 所对应的半径.

8-11　在磁场变化的空间里,如果没有导体,那么在这个空间是否存在电场,是否存在感应电动势?

答:存在电场.因为变化的磁场会激发感生电场 $\boldsymbol{E}_{\mathrm{i}}$.也存在电动势 $\mathscr{E}_{\mathrm{i}}$.由电动

势定义：$\mathscr{E}_i=\int \boldsymbol{E}_i \cdot \mathrm{d}\boldsymbol{l}$ 及物理含义：非静电力对单位正电荷做功的“能力”，它只取决于非静电场 $\boldsymbol{E}_i$，与空间中有无导体无关.

8-12　为什么在电子感应加速器中，只有在$\frac{1}{4}$的周期内才能对电子进行加速？

答：由磁场原方向和磁场变化趋势，应用楞次定律可判断正弦周期性变化的磁感强度在 4 个$\frac{1}{4}$周期中的可能的有旋电场绕向的关系如问题 8-12 图所示，从图中可见，电子若在第一个$\frac{T}{4}$内受到加速，则在第二和第三个$\frac{T}{4}$内，电子反向加速，速率减小，达不到加速的目的.第四个$\frac{T}{4}$内又产生与第一个$\frac{T}{4}$内相同的加速方向.

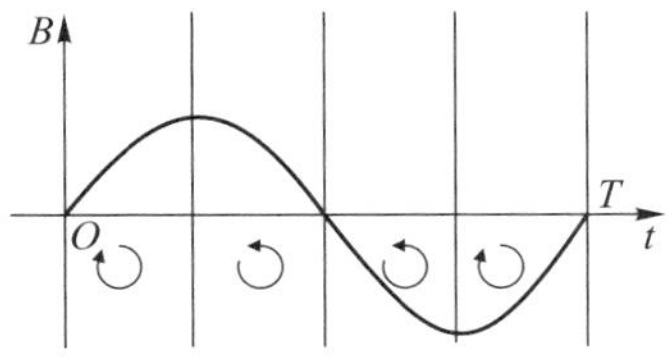

问题 8-12 图

8-13　一根很长的铜管竖直放置，一根磁棒由管中竖直下落.试述磁棒的运动情况.

答：因为磁棒下落过程中，铜管中有感应电流（涡流），感应电流的效果阻碍磁棒的下落，但磁阻力不可能大于重力.磁阻力随磁棒下落速度的增加而加大，而重力却不变，因此，当铜管足够长时，有可能磁阻力等于重力.所以，磁棒下落过程是加速度逐渐减小的加速运动，运动到一定时刻作匀速运动，直到离开铜管.（注：请思考，若将铜管改为螺线管，情况会怎样？原因为何？）

8-14　一些矿石具有导电性，在地质勘探中常利用导电矿石产生的涡电流来发现它，这叫做电磁勘探.在问题 8-14 图（a）中，A 为通有高频电流的初级线圈，B 为次级线圈，并连接电流计 G，从次级线圈中的电流变化可检测磁场的变化.当次级线圈 B 检测到其中磁场发生变化时，技术人员就认为在附近有导电矿石存在.你能说明其道理吗？利用与问题 8-14 图相似的装置，还可确定地下金属管线和电缆的位置，你能提供一个设想方案吗？

答：其道理如下：若无导电矿石时，次级线圈 B 由于互感，电流计 G 中有一读数（设为恒定的）.若有导电矿石时，会在导电矿石中产生涡电流，涡电流引起的磁场在次级线圈 B 的原磁场中叠加，引起原磁场的变化，这变化的磁场引起检流计的读数发生变化，从而由电流计 G 中读数的变化可知有导电矿石存在.

地下管线探测仪的工作原理是：通过发射机将某频率的交变信号送至被探

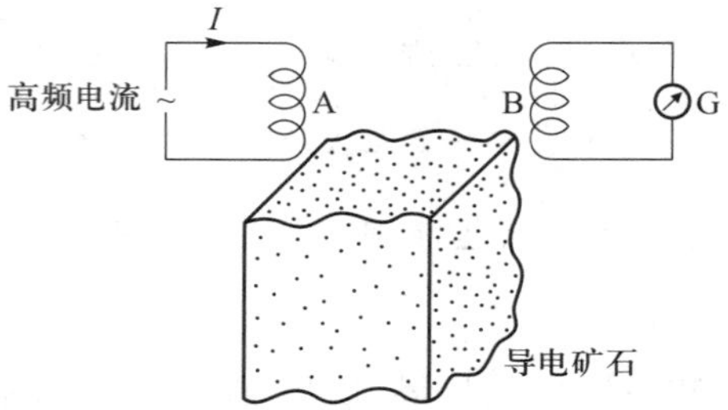

(a)

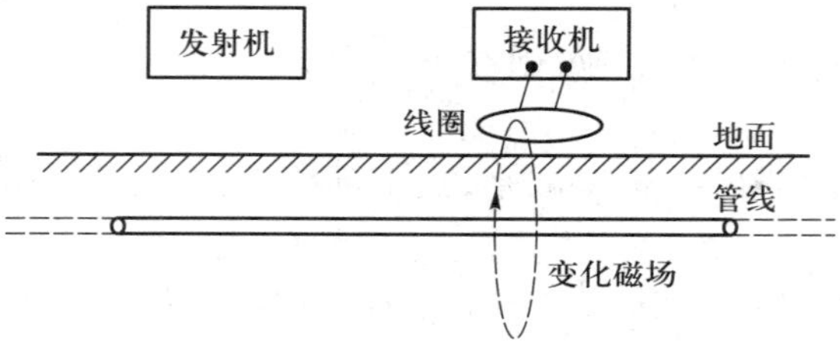

(b)

问题 8-14 图

测的地下管线[问题 8-14 图(b)],建立较强的交变磁场,激发管线周围的介质,再用接收机在地面上观测不同方向的磁场分量.通过研究电磁场的空间分布的情况,精确地确定地下管线的位置.如探测线圈中通过的磁场最大的地方为地下管线的位置①.

8-15 如问题 8-15 图所示,一个铝质圆盘可以绕固定轴 OO'转动.为了使圆盘在力矩作用下作匀速转动,常在圆盘的边缘处放一个永久磁铁.圆盘受到力矩作用后先作加速转动,当角速度增加到一定值时,就不再增加.试说明其作用原理.

答:铝盘面上大致可看成如问题 8-15 图(b)所示的一些“回路”,当铝盘在永久磁铁间转动时,这些“回路”中将产生感应电流,亦可称为“涡流”.涡电流在磁场中受电磁阻力作用,使盘受到磁阻力矩,该磁阻力矩与转速相关,当适当的转速使磁阻力矩等于加速力矩时,角速度将保持不变.

① 可参阅马文蔚等主编的《物理学原理在工程技术中的应用》(第四版)中“地下金属管线探测”一文(高等教育出版社,2015 年).

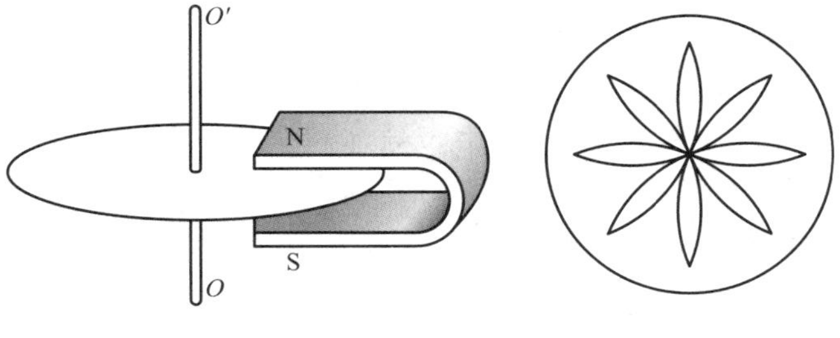

(a)　　(b)

问题 8-15 图

8-16　如问题 8-16 图所示为一种汽车上用的车速表的原理图.永久磁铁与发动机的转轴相连,磁铁的旋转使铝质圆盘 A 受到力矩的作用而偏转.当圆盘所受力矩与弹簧 S 的反力矩平衡时,指针 P 即指出车速的大小.试说明这种车速表的工作原理.

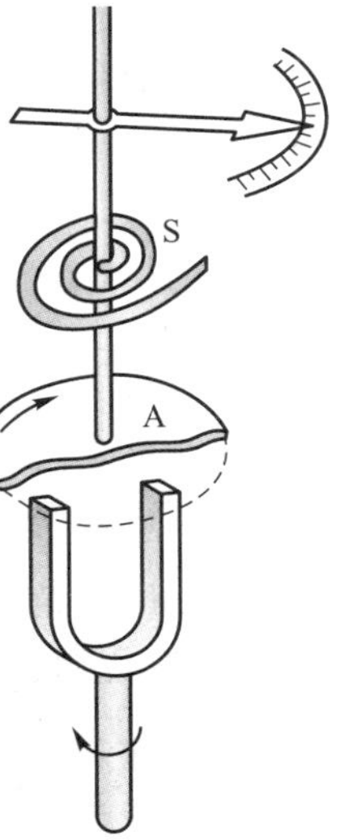

问题 8-16 图

答:工作原理是电磁感应原理.当油门加到某一速度所需的油门位置上,磁铁随发动机转轴旋转,在铝盘 A 中产生涡电流,即产生了电磁力矩 $M_{电}$(该电磁力矩与盘和磁铁的相对速度有关),使铝盘转动旋紧弹簧 S,S 产生反力矩 $M_{反}$(此时反力矩 $M_{反}$ 小于电磁力矩 $M_{电}$),由于铝盘 A 在 $M_{电}$ 与 $M_{反}$ 的合力矩作用下,与磁铁的相对速度减小,$M_{电}$ 相应减小,但反力矩仍增加.当电磁力矩($M_{电}$)= 反力矩($M_{反}$)时,出现一暂时平衡,由于惯性,铝盘仍在转动,超过平衡状态后,反力矩 $M_{反}$ 略大于电磁力矩 $M_{电}$,使铝盘转速减小,但铝盘与磁铁的相对速度增大,电磁力矩又开始增大,反力矩随之增大,此过程一直持续到盘与磁铁相对速度最大(即为车速),而铝盘静止,此时电磁力矩等于反力矩达到稳定平衡,指针偏转某一角度停在一定位置,这样可以从指针所指位置的读数上读出转速的大小.当然,这过程是在很短时间内达到的.

8-17　如问题 8-17 图所示,设一导体薄片位于与磁感强度 $\boldsymbol{B}$ 垂直的平面上.(1) 如果 $\boldsymbol{B}$ 突然改变,则在点 P 附近 $\boldsymbol{B}$ 的改变可不可以立即检查出来? 为什么? (2) 若导体薄片的电阻率为零,这个改变在点 P 是始终检查不出来的,为什么?(若导体薄片是由低电阻率的材料做成的,则在点 P 几乎检查不出导体薄片下侧磁场的变化,这种电阻率很小的导体能屏蔽磁场变化的现象叫做电磁屏蔽.)

答:(1) 可以.因为 $\boldsymbol{B}$ 的突然改变,在导体薄片中产生瞬间的感应电流 I_i(涡流),这个感应电流"力图"维持原磁场不变,但由于导体薄片电阻的存在,该电流瞬间即会消失,则 I_i 使在点 P 产生的磁场只能保持瞬间,然后就消失了,故在点 P 附近 $\boldsymbol{B}$ 的改变稍有滞后就能被检查出来.

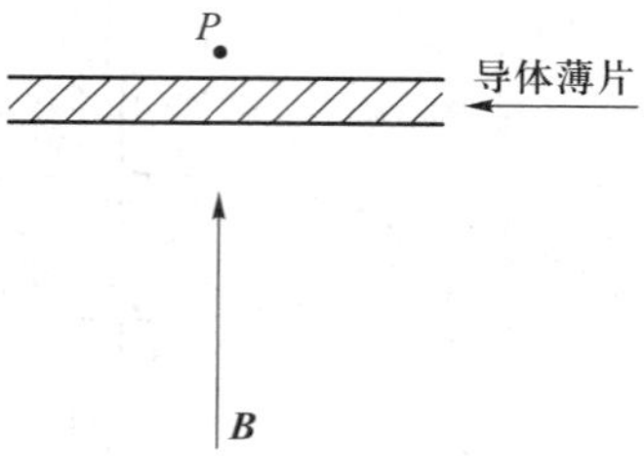

问题 8-17 图

(2) 由于导体薄片的电阻率为零(此导体视为理想导体),当 $\boldsymbol{B}$ 突然变化时,在导体薄片中的感应电流 I_i 不消失,则点 P 处的磁场可以维持不变,因而这个改变在点 P 处是始终检查不出来的.

8-18　如果要设计一个自感较大的线圈,应该从哪些方面去考虑?

答:由于自感 L 与线圈匝数、形状、尺寸、磁介质有关,故而可以从这几个方面考虑.

8-19　自感是由 $L=\Phi/I$ 定义的,能否由此式说明,通过线圈中的电流越小,自感 L 就越大?

答:不能.因为 L 是由线圈自身的属性决定的,它是反映线圈阻碍电流改变的能力(即电磁惯性)的物理量,与线圈中有无磁通、电流无关.式 $L=\dfrac{\Phi}{I}$ 只是定义式,具有"测量"价值,当电流变化时,Φ 也会随之变化,但两者比值不变.

8-20　试说明:(1) 当线圈中的电流增加时,自感电动势的方向和电流的方向相同还是相反;(2) 当线圈中的电流减小时,自感电动势的方向和电流的方向相同还是相反.为什么?

答:(1) 相反.$\mathscr{E}_L$ 阻碍电流的增加,故与电流方向相反.

(2) 相同.$\mathscr{E}_L$ 阻碍电流的减少,故与电流的方向相同.

8-21　有的电阻元件是用电阻丝绕成的,为了使它只有电阻而没有自感,常用双绕法,如问题 8-21 图所示.试说明为什么要这样绕.

答:由于采用双绕法,使电流的流向在双线中相反,回路中产生的磁链大小相等,符号相反,总磁链为零,电阻元件中无磁通变化,从而无自感的现象.

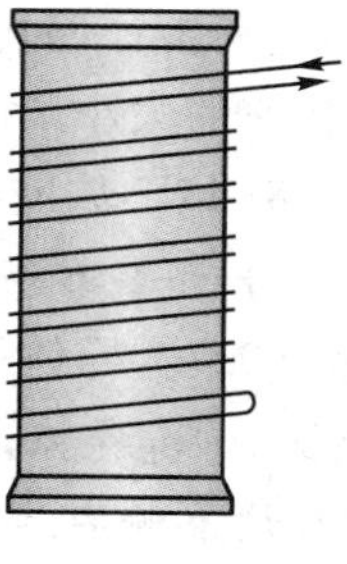
问题 8-21 图

8-22　互感电动势与哪些因素有关?要在两个线圈间获得较大的互感,应该用什么方法?

答:$\mathscr{E}_M$ 与两线圈的相对位置、形状、匝数、磁介质的磁导率有关.可采用完全耦合(即无漏磁)的办法来获得较大互感.

8-23　两个线圈的长度相同、半径接近相等，试指出在下列三种情况下，哪一种情况的互感最大？哪一种情况的互感最小？(1) 两个线圈靠得很近，轴线在同一直线上；(2) 两个线圈相互垂直，也靠得很近；(3) 一个线圈套在另一个线圈的外面.

答：若任意一个线圈中的磁场完全通过（等于）另一个线圈，则称这种情况为“完全耦合”.

若任意一个线圈中的磁场完全不通过（不等于）另一个线圈，则称这种情况为“完全不耦合”.

当同样的两个线圈处于“完全耦合”时，互感 M 最大；处于“完全不耦合”时，互感 M 最小.

由此可知，(3)情况中的 M 最大；(2)情况中的 M 最小.

8-24　什么叫做位移电流？位移电流与传导电流有什么异同？

答：通过电磁场中某一截面的位移电流 I_d 等于通过该截面电位移通量 Ψ 对时间的变化率，即 $I_d=\dfrac{d\Psi}{dt}$. I_d 与 I_c（传导电流）产生的原因不一样，I_d 为变化的电磁场引起的，I_c 为带电体定向移动引起的；I_d 不产生焦耳热，I_c 可以产生焦耳热. I_d 与 I_c 在产生磁场方面是等同的，且两者都遵循环路定律 $\oint_L \boldsymbol{H}\cdot d\boldsymbol{l}=\mu_0(I_c+I_d)$.

***8-25**　如果电路中有位移电流，式(7-6a)的电流连续性方程 $\oint_S \boldsymbol{j}\cdot d\boldsymbol{S}=-\dfrac{dQ_i}{dt}$中的 $\boldsymbol{j}$ 是否要包含位移电流密度？为什么？

答：不含位移电流密度.因为，位移电流恰恰就隐含在电荷变化之中.论证如下：

由电场的高斯定理，$Q_i=\varepsilon\oint \boldsymbol{E}\cdot d\boldsymbol{S}$，则 $\dfrac{dQ_i}{dt}=\oint\dfrac{\varepsilon\partial \boldsymbol{E}}{\partial t}\cdot d\boldsymbol{S}$，而 $\boldsymbol{j}_d=\dfrac{\varepsilon\partial \boldsymbol{E}}{\partial t}$ 即为位移电流，所以题设中的连续性方程化为 $\oint(\boldsymbol{j}+\boldsymbol{j}_d)\cdot d\boldsymbol{S}=0$，此即“全电流”连续性方程.因此，题意中的电流密度只含“自由电流密度”，不含“位移电流密度”.

8-26　试从以下三个方面来比较静电场与有旋电场：(1) 产生的原因；(2) 电场线的分布；(3) 对导体中电荷的作用.

答：如下表所示.

	静电场	有旋电场
(1) 产生原因	静止电荷	变化磁场
(2) 电场线特点	不闭合	闭合的
(3) 对导体中电荷的作用	有作用,做功	有作用,做功

8-27　变化的电场所产生的磁场,是否也一定随时间发生变化?变化的磁场所产生的电场,是否也一定随时间发生变化?

答:(1) 不一定,这要看 $\boldsymbol{D}$ 的时间变化率的情况.

若$\dfrac{\partial \boldsymbol{D}}{\partial t}$=不含时变量,因为 $\nabla\times\boldsymbol{B}=\mu\dfrac{\partial \boldsymbol{D}}{\partial t}$,所以 $\boldsymbol{B}$ 的解不含时,则 $\boldsymbol{B}=\boldsymbol{B}(\boldsymbol{r})$.

若$\dfrac{\partial \boldsymbol{D}}{\partial t}$=含时变量,因为 $\nabla\times\boldsymbol{B}=\mu\dfrac{\partial \boldsymbol{D}}{\partial t}$,所以 $\boldsymbol{B}$ 的解含时,则 $\boldsymbol{B}=\boldsymbol{B}(\boldsymbol{r},t)$.

(2) 也不一定,这要看 $\boldsymbol{B}$ 的时间变化率的情况.

若$\dfrac{\partial \boldsymbol{B}}{\partial t}$=不含时变量,因为 $\nabla\times\boldsymbol{E}=-\dfrac{\partial \boldsymbol{B}}{\partial t}$,所以 $\boldsymbol{E}$ 的解不含时,则 $\boldsymbol{E}=\boldsymbol{E}(\boldsymbol{r})$.

若$\dfrac{\partial \boldsymbol{B}}{\partial t}$=含时变量,因为 $\nabla\times\boldsymbol{E}=-\dfrac{\partial \boldsymbol{B}}{\partial t}$,所以 $\boldsymbol{E}$ 的解含时,则 $\boldsymbol{E}=\boldsymbol{E}(\boldsymbol{r},t)$.

式中,“∇”是矢量微分算符,在直角坐标系中的形式为

$$\nabla=\frac{\partial}{\partial x}\boldsymbol{i}+\frac{\partial}{\partial y}\boldsymbol{j}+\frac{\partial}{\partial z}\boldsymbol{k}$$

8-28　你是怎样理解麦克斯韦电磁场四个积分方程是电磁场的基本积分方程?

答:该方程组是对电磁场的基本规律作了总结性、统一性的简明而完美的描述,并将光学也概括在内,实现了电、磁、光的大统一.

在它的四个积分方程

$$\oint_S \boldsymbol{D}\cdot \mathrm{d}\boldsymbol{S}=\int_V \rho \mathrm{d}V=q \tag{1}$$

$$\oint_L \boldsymbol{E}\cdot \mathrm{d}\boldsymbol{l}=-\int_S \frac{\partial \boldsymbol{B}}{\partial t}\cdot \mathrm{d}\boldsymbol{S} \tag{2}$$

$$\oint_S \boldsymbol{B}\cdot \mathrm{d}\boldsymbol{S}=0 \tag{3}$$

$$\oint_L \boldsymbol{H}\cdot \mathrm{d}\boldsymbol{l}=\int_S\left(\boldsymbol{j}_c+\frac{\partial \boldsymbol{D}}{\partial t}\right)\cdot \mathrm{d}\boldsymbol{S} \tag{4}$$

中涵盖了静电场、恒定磁场、电磁波的规律.

三、解题感悟

以问题 8-9 为例进行分析.

电磁感应定律中各种使得“回路”中磁通变化的原因——面积、磁场、导线的变化都将引起“感应”的发生,这些在本题中都出现了,这是本题的用意所在.更妙的是,电磁感应定律中的“变化率”——变化速度这个因素往往被初学者忽略,本题作者独具匠心地将“时间”因素加入其中,真是妙不可言.

第九章

振　　动

一、概念及规律

1. 简谐振动及特征(运动学、动力学和能量)

若物体的运动方程具有如下的余弦形式:$x=A\cos(\omega t+\varphi)$则称物体作简谐振动.物体的加速度与位移的大小成正比,而方向相反,具有这种特征的振动称为简谐振动.物体作简谐振动时,它的位移、速度和加速度都是周期性变化的.简谐振动的总能量包括系统的势能和动能,且彼此存在$\frac{\pi}{2}$相位差,但其总和$E=\frac{1}{2}m\omega^2A^2$为常量,故系统的总能量必然守恒,总能量与振幅的平方成正比.

2. 描述简谐振动的物理量(振幅、周期、频率、角频率、相位)

简谐振动物体离开平衡位置的最大位移的绝对值A称为振幅.物体作一次完全振动所经历的时间称为振动的**周期**.单位时间内物体所作的完全振动的次数称为**频率**.频率的2π倍称为**角频率**.量值$(\omega t+\varphi)$称为振动的**相位**.特别是当$t=0$时,相位$(\omega t+\varphi)=\varphi$,故$\varphi$称为**初位相**,简称初相.

3. 简谐振动的描述方式

简谐振动可以通过不同的方式来描述.

(1) **运动方程描述**:$x=A\cos(\omega t+\varphi)$.

(2) **旋转矢量描述**:匀角速度旋转矢量$\boldsymbol{A}$的矢端M在x轴上的投影点P的运动,可以描述物体在x轴上的简谐振动.

4. 简谐振动的合成(两个同向同频、两个同向不同频、两个互垂同频)

(1) 同方向且频率相等的两个简谐振动

它们的运动方程分别为

$$x_1=A_1\cos(\omega t+\varphi_1)$$
$$x_2=A_2\cos(\omega t+\varphi_2)$$

因振动是同方向，则合位移为代数和 $x=x_1+x_2$. 利用三角关系可知合位移仍是简谐振动：

$$x = A\cos(\omega t+\varphi)$$

式中合振幅为

$$A=\sqrt{A_1^2+A_2^2+2A_1A_2\cos(\varphi_2-\varphi_1)}$$

合振动的初相为

$$\tan\varphi=\frac{A_1\sin\varphi_1+A_2\sin\varphi_2}{A_1\cos\varphi_1+A_2\cos\varphi_2}$$

（2）两个同方向、不同频率的简谐振动

设
$$\begin{aligned}x_1&=A\cos\omega_1 t\\x_2&=A\cos\omega_2 t\end{aligned}\quad(\omega_2>\omega_1)$$

则
$$x=x_1+x_2=\left[2A\cos\left(\frac{\omega_2-\omega_1}{2}t\right)\right]\cos\left(\frac{\omega_1+\omega_2}{2}t\right)$$

合振动一般不再是简谐振动，在频率较大而频率之差很小的情形下，其合振动的振幅将出现时而加强时而减弱的现象，这种现象称为拍.

（3）两个互相垂直的同频率的简谐振动

它们的运动方程为

$$x=A_1\cos(\omega t+\varphi_1)$$
$$y=A_2\cos(\omega t+\varphi_2)$$

消去两式中的 t，可以得到合振动的轨迹方程

$$\frac{x^2}{A_1^2}+\frac{y^2}{A_2^2}-\frac{2xy}{A_1A_2}\cos(\varphi_2-\varphi_1)=\sin^2(\varphi_2-\varphi_1)$$

这是一个椭圆方程，其形状由两个分振动的振幅及相位差 $\varphi_2-\varphi_1$ 决定.

5. 阻尼振动、受迫振动和共振

（1）**阻尼振动** 实际的振动总要受到阻力的影响，从而能量不断地减少，振幅亦将逐渐地减小，这种振幅随时间减少的振动称为阻尼振动.

（2）**受迫振动** 系统在周期性外力作用下所进行的振动，称为受迫振动.

（3）**共振** 稳定状态下受迫振动的振幅 A 的大小与驱动力的角频率 ω_p 有很大的关系，当 ω_p 达到或接近振动系统的固有角频率 ω_0 的某一个值时，受迫振动的振幅达到极大，这种现象称为共振.

二、思考及解答

9-1 有人说谐振子是指作简谐振动的物体；也有人说谐振子是指一个振

动系统.你的看法如何？试表述之.

答:两种说法都可以,但描述会有差异.

从运动学角度看,无论把振动体看成是一个物体,还是看成包含弹簧在内的系统,在描述振动体的速度、位置、加速度和相位时,两种说法是一致的.

从能量角度看,作为一个振动系统,动能和势能相互转化,机械能守恒;但作为一个物体,机械能并不守恒,线性恢复力做的功使物体机械能发生变化.

9-2 符合什么规律的运动是简谐振动？说明下列运动是不是简谐振动:(1) 完全弹性球在硬地面上的跳动;(2) 活塞的往复运动;(3) 如问题 9-2 图所示,一小球沿半径很大的光滑凹球面滚动(设小球所经过的弧线很短);(4) 竖直悬挂的弹簧上挂一重物,把重物从静止位置拉下一段距离(在弹性限度内),然后放手任其运动.

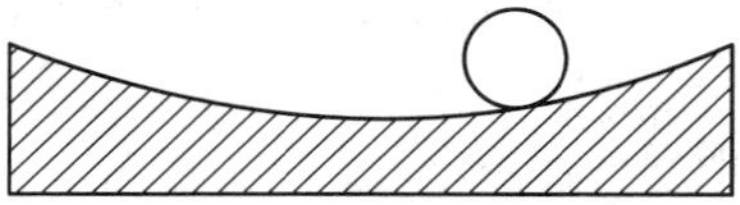

问题 9-2 图

答:当物体所受的合外力大小与位移成正比,且方向与位移方向相反时,即 $\boldsymbol{F}=-k\boldsymbol{x}$;或物体的运动方程满足时间的余弦或正弦关系时,即 $x=A\cos(\omega t+\varphi)$;或物体的动力学方程满足$\frac{\mathrm{d}^2x}{\mathrm{d}t^2}+\omega^2x=0$ 时,物体的运动为简谐振动.

(1) 不是简谐振动.球在运动过程中一直受重力作用,在与地面碰撞瞬间又受一向上的冲力.故球所受的合力与位移不成正比、反向.

(2) 不一定是简谐振动.若活塞在曲径杆带动下,且曲径杆一端作匀速圆周运动,则活塞的运动为简谐振动.若曲杆作加速圆周运动,则活塞运动不是简谐振动,活塞只是往复运动.

(3) 是简谐振动.由于小球在光滑凹球面上不受摩擦力的作用,则题意中的“滚动”实指小球质心绕凹球面圆心的转动,因此小球只有来回滑动,不会滚动,其切向外力$F=-mg\sin\theta$.动力学方程为$\frac{\mathrm{d}^2\theta}{\mathrm{d}t^2}+\frac{g}{k}\sin\theta=0$.在弧线很短时,$\theta$ 角很小,$\sin\theta\approx\theta$.则$\frac{\mathrm{d}^2\theta}{\mathrm{d}t^2}+\frac{g}{k}\theta=0$,为简谐振动的动力学方程,所以小球的滑动是简谐振动.

(4) 是简谐振动.以平衡位置为原点时,重物受到的合力 $F=-kx$ 满足恢复力的要求.

9-3 一质量未知的物体挂在一根弹性系数未知的弹簧上,只要测得此物体所引起的弹簧的静平衡伸长量,就可以知道此弹簧系统的振动周期,试讨论其原因,并阐述其科学方法的意义所在.

答：因为物体所引起的弹簧静平衡伸长量 $x_0=\frac{mg}{k}$，而弹簧系统的周期 $T=2\pi\sqrt{\frac{m}{k}}$，将 $k=\frac{mg}{x_0}$代入 T 的表达式中得，$T=2\pi\sqrt{\frac{x_0}{g}}$，即得周期值.由“联系的方法”构连起静平衡伸长量 x_0 和$\frac{m}{k}$的关系，从而通过测量“可测量”——x_0 得到 $T\propto\sqrt{\frac{m}{k}}$，这是科学研究的常用方法.

9-4　弹簧的弹性系数 k 是材料常量吗？若把一个弹簧均分为两段，则每段弹簧的弹性系数还是 k 吗？将一质量为 m 的物体分别挂在分割前、后的弹簧下面，问分割前、后两个弹簧振子的振动频率是否一样？其关系如何？

答：不是.k 由材料的性质、形状、长短等因素决定.

若弹簧分割成相等的两段，则半根弹簧的 $k_1=2k$.由下列三式可证明之：

$$\begin{cases}k\Delta x=mg & （原长时）\\ k_1\Delta x_1=mg & （减半时）\\ \Delta x_1=\frac{1}{2}\Delta x & （减半相接一起后）\end{cases}$$

得

$$k_1=2k$$

因频率与 k、m 有关，而 k 又与材料的性质、形状、大小、长短有关.设质量为 m 的物体分别挂在分割前后的弹簧下面，其频率分别为 ν 与 ν_1，则 $\nu=\frac{1}{2\pi}\sqrt{\frac{k}{m}}$，$\nu_1=\frac{1}{2\pi}\sqrt{\frac{k_1}{m}}=\frac{1}{2\pi}\sqrt{\frac{2k}{m}}=\sqrt{2}\nu$，故分割前后两个弹簧振子的频率不一样.

9-5　如果弹簧的质量不像轻弹簧那样可以略去不计，那么该弹簧的周期与轻弹簧的周期相比是否有变化，试定性说明之.

答：从轻质弹簧振子的周期公式 $T=2\pi\sqrt{\frac{m}{k}}$看，周期与振子质量和弹性系数有关，而弹性系数是一个与材料种类相关的“模量”，它与质量无关.若弹簧质量不能忽略，那么弹簧质量与振子质量同时参与到振动的惯性之中，在形变一样时（与轻质弹簧振子对比），弹簧作用的加速效果就小，则运动周期就长.换一种说法，弹簧的质量可以以适当的比例等效地加入振子质量中，使振子质量增大，则周期变长.

可以证明，当弹簧质量为 m'时，弹簧振子系统的周期变为

$$T = 2\pi\sqrt{\frac{m + m'/3}{k}}$$

9-6 同一弹簧振子,在光滑水平面上作一维简谐振动与在竖直悬挂情况下作简谐振动,其振动频率是否相同? 如把它放在光滑斜面上,是否还作简谐振动,振动频率是否改变? 当斜面倾角不同时又如何?

答:相同.因为在光滑水平面上弹簧振子受的合力为 $F=-kx$,符合简谐振动的动力学方程(恢复力的特征),频率 $\nu=\frac{1}{2\pi}\sqrt{\frac{k}{m}}$.在竖直悬挂情况下[问题9-6图(a)],弹簧振子所受的合外力 $F=mg-k(x+x_0)=-kx$(因平衡时 $mg=kx_0$),仍满足简谐振动恢复力的特征,故频率 $\nu=\frac{1}{2\pi}\sqrt{\frac{k}{m}}$ 与在光滑水平面上时相同.

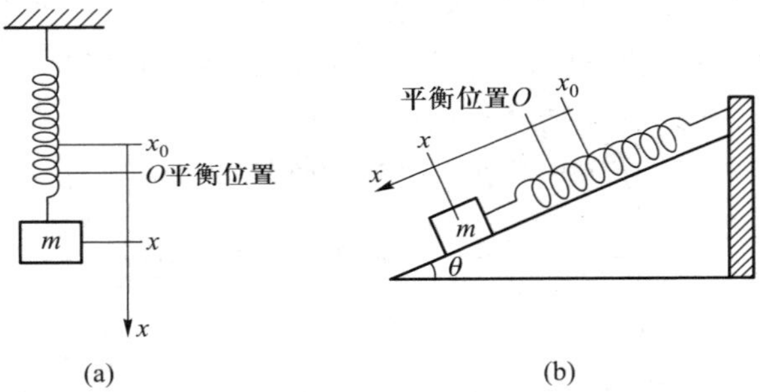

问题 9-6 图

放在光滑的斜面上[问题 9-6 图(b)],弹簧振子沿斜面受到的合外力 $F=mg\sin\theta-k(x+x_0)$,因 $mg\sin\theta=kx_0$,所以 $F=-kx$,仍满足恢复力的要求,振动频率不改变.当斜面倾角不同时,频率仍不变.

9-7 伽利略曾提出和解决了这样一个问题:一根线挂在又高又暗的城堡中,看不见它的上端而只能看见它的下端,如何测量此线的长度? 此测量方式有何实际意义?

答:在线的下端拴一半径可忽略的小球,制成一单摆,其周期为 $T=2\pi\sqrt{\frac{l}{g}}$,所以,测出其周期就可得出摆线的长度 $l=\frac{T^2}{4\pi^2}g$.

9-8 把一单摆从其平衡位置拉开,使悬线与竖直方向成一小角度 φ,然后放手任其摆动.如果从放手时开始计算时间,此角 φ 是否为振动的初相? 单摆的角速度是否为振动的角频率?

答：答案都是否定的.单摆的角位移规律为 $\theta=\theta_0\cos(\omega t+\varphi')$，题设中的 φ 为单摆的角振幅，即 $\theta_0=\varphi$；单摆的初相 $\varphi'=0°$，单摆的角速度 $\dot{\theta}=-\varphi\omega\sin\omega t$，振动的角频率 $\omega=\sqrt{\dfrac{l}{g}}$，即 $\dot{\theta}\neq\omega$.

9-9　把单摆从平衡位置拉开，使摆线与竖直方向成 θ 角，然后放手任其振动，试判断问题 9-9 图中所示五种运动状态所对应的相位.

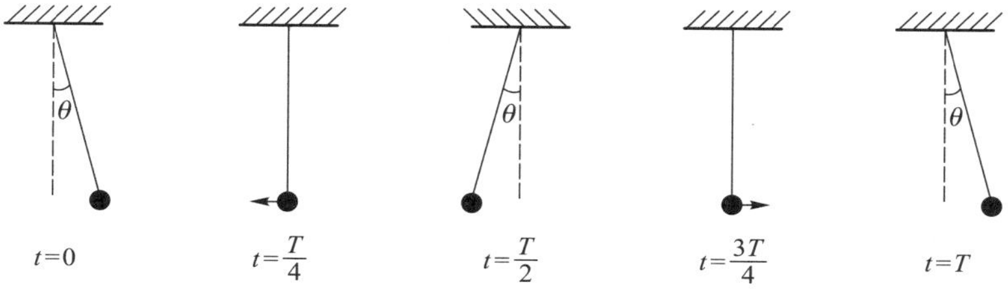

问题 9-9 图

答：以平衡位置为原点，向右为正方向，则对应的相位分别为

$$\omega t+\varphi=0,\quad \omega t+\varphi=\frac{\pi}{2},\quad \omega t+\varphi=\pi,$$

$$\omega t+\varphi=\frac{3\pi}{2},\quad \omega t+\varphi=2\pi$$

9-10　指出在弹簧振子中，物体处在下列位置时的位移、速度、加速度和所受的弹性力的数值和方向：(1) 正方向的端点；(2) 平衡位置且向负方向运动；(3) 平衡位置且向正方向运动；(4) 负方向的端点.

答：如下表所示.

	位移	速度	加速度	弹性力
(1)	A	0	ω^2A	kA
(2)	0	$-\omega A$	0	0
(3)	0	ωA	0	0
(4)	$-A$	0	$-\omega^2A$	$-kA$

9-11　一个单摆的摆长为 l，摆球的质量为 m，当其作小角度摆动时，试问在下列情况下的周期各为多少(设地球上的重力加速度为 g)：(1) 在月球上，已知月球上的重力加速度 $g_0=\dfrac{1}{6}g$；(2) 在环绕地球的同步卫星上；(3) 在以加速度 a

上升的升降机中;(4) 在以加速度 g 下降的升降机中.

答:(1) 因地球上单摆的周期为 $T=2\pi\sqrt{\dfrac{l}{g}}$,而月球表面重力加速度约为地球重力加速度的$\dfrac{1}{6}$,即 $g'=\dfrac{1}{6}g$,所以月球上周期 $T'=2\pi\sqrt{\dfrac{l}{g'}}=2\pi\sqrt{\dfrac{l}{g/6}}=\sqrt{6}T$.

(2) 在环绕地球的同步卫星上,单摆处于失重状态,所受"合力"为零,不发生振动.

(3) 在加速上升的升降机中,由于升降机中的物体处于超重状态,"重量"从 mg 增至 $m(g+a)$.单摆的运动方程为 $ml\ddot{\theta}=-m(g+a)\theta$,即 $\ddot{\theta}+\dfrac{g+a}{l}\theta=0$,故其周期为$T=2\pi\sqrt{\dfrac{l}{g+a}}$.

(4) 在加速下降的升降机中,情况与(3)相反,运动方程为 $ml\ddot{\theta}=-m(g-a)\theta$,即 $\ddot{\theta}+\dfrac{g-a}{l}\theta=0$,故单摆的周期为 $T=2\pi\sqrt{\dfrac{l}{g-a}}$.

9-12 两个相同的弹簧挂着质量不同的物体,当它们以相同的振幅作简谐振动时,振动的能量是否相同?这说明了什么?请在同一张图中画出各自振动能与位移的定性关系图.

答:相同.由于振动能量公式 $E=\dfrac{1}{2}kA^2$,且 $k_1=k_2$,$A_1=A_2$,所以振动的能量相同,与质量无关.若从 $E=\dfrac{1}{2}mv_{\max}^2$ 看,$v_{\max}^2=\omega^2A^2=\dfrac{k}{m}A^2$;则 $E=\dfrac{1}{2}mv_{\max}^2=\dfrac{1}{2}kA^2$,结果亦相同.这说明,弹簧振子作简谐振动时的总能量与振幅的平方成正比.除此之外,还与弹性系数成正比;若从振子质量考虑振动能量,则还需要考虑振动的角频率,那将与 $m\omega^2$ 成正比.振动能量与位移关系图可见教材中的图 9-14,此处略.

9-13 弹簧振子作简谐振动时,如果振幅增为原来的两倍而频率减小为原来的一半,它的总能量怎样改变?

答:对简谐振动而言,振幅由初始条件决定,振动频率由系统结构决定.因为 $\omega=\sqrt{\dfrac{k}{m}}=2\pi\nu$,所以频率减小为$\dfrac{1}{2}$,要分三种情况来分析:(1) k 不变,$m=4m_0$;(2) m 不变,$k=\dfrac{1}{4}k_0$;(3) k、m 都变化,则 $k=\dfrac{1}{4}\dfrac{k_0}{m_0}m$.对以上三种情况,能量变化分别为

(1) $E=\frac{1}{2}kA^2=\frac{1}{2}m\omega^2A^2=4E_0$;

(2) $E=\frac{1}{2}kA^2=\frac{1}{2}m\omega^2A^2=E_0$;

(3) $E=\frac{1}{2}kA^2=\frac{1}{2}m\omega^2A^2=\frac{m}{m_0}E_0$.

实际上,前两种情况是第三种情况的特例.

9-14 怎样利用拍音来测定一音叉的频率?

答: 设 ν_1 为已知音叉的频率,ν_2 为待测音叉的频率.当两音叉产生拍现象时,从示波器可测得拍频为 ν.而拍频是两频率之差的绝对值.

显然,当 $\nu_1>\nu_2$ 时,有 $\nu=\nu_1-\nu_2$,故待测频率为 $\nu_2=\nu_1-\nu$,当 $\nu_1<\nu_2$ 时,有 $\nu=\nu_2-\nu_1$,故待测频率为 $\nu_2=\nu_1+\nu$.

操作上的关键问题是判断已知频率与待测频率哪个大.可以这样做:用若干块小油泥,分 n 次粘在待测音叉上,然后分别测拍频,若拍频总是依次增大时,则 $\nu_1>\nu_2$;若拍频先减小后增大时,则 $\nu_1<\nu_2$.

9-15 受迫振动的稳定状态频率由什么决定?这个频率与振动系统本身的性质有何关系?

答: 由驱动力的频率来决定,与系统本身性质无关.

9-16 弹簧振子的无阻尼自由振动是简谐振动,同一弹簧在简谐驱动力的作用下的稳态受迫振动也是简谐振动,这两种简谐振动有什么不同?

答: 无阻尼自由振动是理想化的,受迫振动是在外界作用下实现的.两者的频率不同,前者的频率由振动系统本身的性质决定,后者的频率由驱动力的频率决定.能量也不同,前者的能量是不变的,由弹性系数与振幅决定,后者的能量取决于驱动力的振幅、驱动力的频率、振子的固有频率、阻尼系数等.无阻尼自由振动始终可以振动下去,不会发生共振现象.稳态受迫振动当驱动力的频率与振子固有频率相近或相同时,会出现共振现象,此时系统的能量会出现一极大值.

9-17 在 LC 电磁振荡中,电场能量和磁场能量是怎样交替转化的?

答: 电源对电容器充电后,将电容器与自感线圈相连,当电容器放电时,在自感线圈中激起感应电动势,在放电过程中,由于感应电动势的阻碍作用,电容器两极板间的电场能量全部转化成了线圈中的磁场能量.然后,由于线圈的自感作用,要对电容器反方向充电,随着电流逐渐减弱到零,电容器两极板上的电荷也相应地逐渐增加到最大值.此过程中,由于充电电荷的电场阻力,磁场能量又全部转化成电场能量.此后,电容器又放电,电场能量又转化成磁场能量.最后,电容器又被充电,回复到原状态,完成一个完全的振荡过程.

9-18　无阻尼自由电磁振荡系统的振荡过程中,哪些量随时间作正弦(或余弦)变化? 哪些量是常量? 与弹簧振子简谐振动比较的对应关系是哪些?请列举.

答:在无阻尼自由电磁振荡系统的振荡过程中,任一时刻电容器极板上的电荷 q、电路中任意时刻的电流 i、线圈中的磁场能量 W_m、电容器中的电场能量 W_e 随时间作正弦(或余弦)的变化,电磁振荡的频率 ν、振荡系统的总能量 W 为常量.

设某一时刻电路中的电流为 i,根据欧姆定律,在无阻尼的情形下,任意瞬时的自感电动势等于电容器极板间的电势差,即 $-L\dfrac{di}{dt}=\dfrac{q}{C}$,且 $i=\dfrac{dq}{dt}$,解得

$$q = Q_0\cos(\omega t+\varphi)$$

$$i = I_0\cos\left(\omega t+\varphi+\frac{\pi}{2}\right)$$

$$W_e = \frac{Q_0^2}{2C}\cos^2(\omega t+\varphi)$$

$$W_m = \frac{1}{2}LI_0^2\sin^2(\omega t+\varphi)$$

$$\nu = \frac{1}{2\pi\sqrt{LC}}$$

$$W = \frac{Q_0^2}{2C} = \frac{1}{2}LI_0^2$$

本质上看,无阻尼的 LC 振荡与弹簧振子的简谐振动是一致的.其对应关系分别是:$\dfrac{1}{\sqrt{LC}}\to\sqrt{\dfrac{k}{m}}$;$q\to x$;$i\to v=\dfrac{dx}{dt}$;$W_m=\dfrac{1}{2}LI^2\to W_k=\dfrac{1}{2}mv^2$;$W_e=\dfrac{q^2}{2C}\to W_p=\dfrac{1}{2}kx^2$.

三、解题感悟

以问题 9-6 为例进行分析.

用“弹簧振子”处于不同“重力状态”之下的运动状态分析和揭示简谐振动的核心问题——“合外力正比于位移的负值”是再恰当不过的简单实例.它体现了物理学的“用最简单的形式表现最本质的实际”的思想.用“斜面”替代“竖直”和用“角度变化”替代“重力变化”是伽利略“缓变”思想在现代教科书中的体现.

第十章

波　动

一、概念及规律

1. 机械波的产生与传播

机械波的产生需要有波源和弹性介质.波的传播是振动形式、相位和能量的传播.

2. 描述波动的几个物理量

(1) **波长** λ　在波动方向上两个相邻的、相位差为 2π 的振动质点间的距离.在波形上表现为一个完整的波形长度.

(2) **波的周期** T　波前进一个波长的距离所需要的时间.

(3) **波的频率** ν　单位时间内波动通过某一位置点传播的完整波的数目.

(4) **波速** u　单位时间内振动所传播的距离.波速只取决于介质的性质.

3. 平面简谐波的波函数及其意义

波源和波线上各质点都作简谐振动的波称为简谐波.波前是平面的简谐波称为平面波.

若坐标原点的运动方程为

$$y_0 = A\cos(\omega t + \varphi)$$

则平面简谐波的波函数为

$$y = A\cos\left[\omega\left(t \mp \frac{x}{u}\right) + \varphi\right]$$

$$y = A\cos\left[2\pi\left(\frac{t}{T} \mp \frac{x}{\lambda}\right) + \varphi\right]$$

式中,“-”号表示波沿 Ox 轴正方向传播,“+”号表示波沿 Ox 轴负方向传播.

4. 波的能量

波动过程是能量传递的过程,其传递的能量强弱可用能流密度来表达,即单位时间内通过垂直于波的传播方向的单位面积的能量的平均值:

$$I=\frac{\overline{P}}{S}=\frac{1}{2}\rho A^2\omega u$$

5. 惠更斯原理和波的叠加原理

(1) **惠更斯原理** 介质中波动传播到的各点都可以看作发射子波的波源,而在其后的任意时刻,这些子波的包络就是新的波前.

(2) **波的叠加原理** 两列或两列以上的波相遇后,仍保持各自的特性不变,并按照原来的方向继续前进,相遇点合振动的位移为各自振动位移的矢量和.

6. 波的干涉

频率相同、振动方向平行、相位差恒定的两列波相遇时,某些地方振动始终加强,另一些地方振动始终减弱的现象,称为波的干涉.

干涉加强或减弱的条件为

$$\Delta\varphi=\varphi_2-\varphi_1-2\pi\frac{r_2-r_1}{\lambda}=\pm 2k\pi,k=0,1,2,\cdots,\text{加强},A=A_1+A_2$$

$$\Delta\varphi=\varphi_2-\varphi_1-2\pi\frac{r_2-r_1}{\lambda}=\pm(2k+1)\pi,k=0,1,2,\cdots,\text{减弱},A=|A_1-A_2|$$

7. 驻波

由振幅、频率和传播速度都相同,并在同一介质中沿相反方向传播的两列相干波相遇叠加而成的干涉现象,称驻波.它是一种无相位、能量传播的特殊的"波动".

(1) **驻波方程** $y=y_1+y_2=2A\cos 2\pi\frac{x}{\lambda}\cos 2\pi\nu t$

(2) **振幅分布** 波节为零,波腹为 $2A$,其他各点的振幅在 $0\sim 2A$ 之间.

(3) **相位分布** 节点两侧质点振动的相位相反,两邻近节点之间质点振动的相位相同.

8. 多普勒效应

当波源与接收者之间有相对运动时,接收者得到的频率与波源发出的频率不同,这种现象称为多普勒效应.

(1) 波源不动,波以速度 u 传播,接收者相对介质以速度 v_0 运动时,接收者接收的频率为

$$\nu'=\frac{u\pm v_0}{u}\nu$$

(2) 接收者不动,波源相对介质以速度 v_0 运动时,接收者接收的频率为

$$\nu' = \frac{u}{u \mp v_0}\nu$$

(3) 波源与接收者同时相对介质运动时,接收者接收的频率为

$$\nu' = \frac{u \pm v_0}{u \mp v_0}\nu$$

二、思考及解答

10-1　什么是波动?振动与波动有什么区别和联系?

答: 波动是振动状态(相位)和能量在空间的传播,振动是波动的源,没有振动,也就无所谓波动.但振动描述的仅仅是某一个质点的振动规律,而波动描述了波线上所有质元的振动规律.

10-2　关于波长的概念有三种说法,试分析它们是否一致:(1) 波长是指同一波线上,相位差为 2π 的两个振动质元之间的距离;(2) 波长是指在一个周期内,振动所传播的距离;(3) 波长指的是横波的两个相邻波峰(或波谷)之间的距离;纵波的两个相邻密部(或疏部)对应点之间的距离.

答: 这三种说法本质上一致,只是角度不同而已.波动中任一质元任一时刻的某种振动状态(相位),就是波线上后一个质元下一个时刻所应具有的状态.当该质元完成一次全振动,即一个周期,该质元的最初那个状态就被传播到 $\Delta x = uT = \lambda$ 处,此时两质元的振动状态相同,其相位差 $\Delta\varphi = \frac{2\pi}{\lambda}\Delta x = 2\pi$,满足这个距离的恰是横波中两个相邻波峰(或波谷)之间的距离,纵波中相邻两个密部(或疏部)之间的距离.

10-3　机械波的波长、频率、周期和波速四个量中,(1) 在同一介质中,哪些量是不变的? (2) 当波从一种介质进入另一种介质中时,哪些量是不变的?

答: 在机械波中,如波源相对介质静止,则波的周期与频率由波源决定,与介质性质无关,但波速则取决于介质的力学性质和环境温度,与波的频率和周期无关(注:本处是指非色散波,光波、水波和固体中的高频声波都存在色散现象,即波速与波的频率有关),对确定的介质来说波速是常量,而波长则与波源和介质有关.由此可知:

(1) 机械波在同一介质中传播时,4 个量均不变.

(2) 当波从一种介质进入另一种介质时,周期与频率不变,波速和波长均会改变.

如果波源相对于介质运动,情况将发生变化,详见"多普勒效应".

10-4　波动方程 $y=A\cos\omega\left(t-\frac{x}{u}\right)$ 中的$\frac{x}{u}$表示什么？如果把波动方程改写成$y=A\cos\left(\omega t-\frac{\omega x}{u}\right)$，$\frac{\omega x}{u}$又表示什么？

答：在波动中振动状态的传播是需要时间的，如波沿 x 轴正向传播，则波动方程中的$\frac{x}{u}$表示 t 时刻坐标系原点处质元的某个振动状态（相位）经过$\Delta t=\frac{x}{u}$时间后被传播到 $x(x>0)$ 处，也可理解为 x 处质元的振动比原点处质元振动滞后的时间；$\frac{\omega x}{u}$则表示滞后的相位. 对于 $x<0$ 区间的质元来说，从传播方向上看，由于在原点处质元的“上方”，则$\left(-\frac{x}{u}\right)$和$\left(-\frac{\omega u}{x}\right)$表示了超前的时间和相位. 如波沿 x 轴负向传播，则波动方程应为 $y=A\cos\omega\left(t+\frac{x}{u}\right)$（设 $\varphi=0$），对$\frac{x}{u}$和$\frac{\omega x}{u}$也可作同样的理解.

10-5　波形曲线与振动曲线有什么不同？试说明之.

答：振动曲线描述某个确定点的振动规律，它可为我们提供诸如该振动质点的振幅、频率和振动位移等信息；而波形曲线则描述了波线上所有质元的振动状态，它可提供诸如振幅、波长和某一时刻各质元振动位移等信息，结合波的传播方向，还能判断此时所有质元的振动方向和下一个时刻的波形图. 另外从坐标上看，纵轴都表示振动质元或质点离开自身平衡位置的位移，横轴分别是波动质元的位置坐标和振动质点的运动时间坐标.

10-6　试判断下面几种说法中，哪些是正确的，哪些是错的：(1) 机械振动一定能产生机械波；(2) 质元振动的速度是和波的传播速度相等的；(3) 质元振动的周期和波的周期是相等的；(4) 波动方程中的坐标原点是选取在波源位置上的.

答：(1) 振源和弹性介质是产生机械波的两个必然条件，因此只有振源并不能产生机械波，如声波就不能在真空中传播，但电磁波既可在真空也可在介质中传播，只是速度不同而已，这是机械波和电磁波之间的一个重要区别.

(2) 这是两个完全不同的概念，无所谓相等还是不相等，首先波速描述了振动状态传播的快慢，而振动速度描述了振动质点运动的快慢. 其次，质点的振动速度随时间作周期性变化，而波在各向同性介质中传播速度是不变的.

（3）在简谐波动中，一个完整波形通过波线上某点所需要的时间通常称为波的周期，在数值上就等于波动中每个质元的振动周期.也就是说，波动中的任一质元每完成一次全振动，波就前进一个波长的距离，一般将振动周期称为时间周期，而波动周期还可以用波长 λ 描述，称为空间周期.此外，当波源相对介质静止时，波的周期在数值上还等于波源的振动周期.

（4）波动方程中的坐标原点可以选在波线上任一点处，不一定是波源.由于波动方程中的 φ 理解为坐标原点处质元的振动初相，因而选择不同点为坐标原点，φ 也应该不同，需要说明的是波线上任意一点的振动规律不会因坐标原点选择不同而改变.

10-7　横波的波形及传播方向如问题 10-7 图（a）所示.试画出点 A、B、C、D 的运动方向，并画出经过 1/4 周期后的波形曲线.

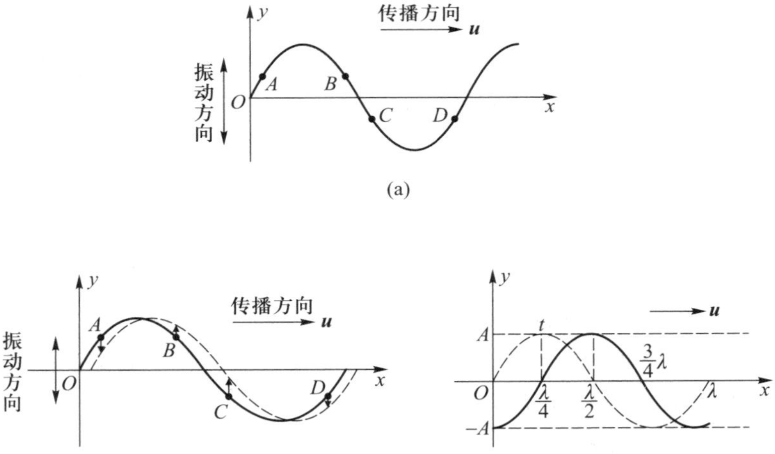

(a)

(b)　(c)

问题 10-7 图

答：A、B、C、D 4 个点的运动方向如问题 10-7 图（b）所示，图中虚线为下一个时刻的波形曲线，由此很容易判断此时每个质点的运动方向.当经过 $\Delta t=\frac{T}{4}$ 的时间后，波就向前传播 $\Delta x=u\Delta t=\frac{\lambda}{4}$ 的距离，相当于 $\frac{1}{4}$ 个完整波形，将题中波形曲线沿波的传播方向平移 $\frac{\lambda}{4}\left(\text{或}\frac{1}{4}\text{个波形}\right)$ 距离，即为所求，如问题 10-7 图（c）实线所示.

10-8　波动的能量与哪些物理量有关？比较波动的能量与简谐振动

的能量.

答:(1) 波动能量特点.就简谐波动通过弹性介质而言,由其体积元的弹性势能和动能的表达式(见主教材)可以看出,波动的动能、势能与介质的密度 ρ、体积元 $\mathrm{d}V$、波的振幅 A 的平方、波振动的角频率 ω 的平方成正比.由于 $\mathrm{d}W_{\mathrm{p}}=\frac{1}{2}(\rho\mathrm{d}V)A^2\omega^2\sin^2\omega\left(t-\frac{x}{u}\right)$ 和 $\mathrm{d}W_{\mathrm{k}}=\frac{1}{2}(\rho\mathrm{d}V)A^2\omega^2\sin^2\omega\left(t-\frac{x}{u}\right)$ 中的 $\sin^2\omega\left(t-\frac{x}{u}\right)$ 在一个周期内平均值为 1/2,因此平均能量密度为

$$\bar{w}=\frac{\mathrm{d}W}{\mathrm{d}V}=\frac{\mathrm{d}\overline{W}_{\mathrm{p}}+\mathrm{d}\overline{W}_{\mathrm{k}}}{\mathrm{d}V}=\frac{1}{2}\rho A^2\omega^2$$

(2) 简谐振动能量特点.孤立的简谐振动的谐振子势能最大时动能为零,势能为零时动能最大,势能和动能相互转化,但总的机械能守恒.简谐振动的总能量为 E,动能为 E_{k},势能为 E_{p},其表达式为

$$\begin{aligned}E&=E_{\mathrm{k}}+E_{\mathrm{p}}\\&=\frac{1}{2}m\omega^2A^2\sin^2(\omega t+\varphi)+\frac{1}{2}kA^2\cos^2(\omega t+\varphi)\\&=\frac{1}{2}kA^2\end{aligned}$$

式中,$\omega^2=\frac{k}{m}$.

简谐振动的总能量与振幅 A 的平方成正比,与时间无关.

(3) 二者比较.由上分析知,波动质元的能量与简谐振动质点的能量虽然都与振幅、角频率有关,但它们的差异是明显的:

① 简谐振动的机械能是守恒的,而波动质元的机械能不守恒.

② 简谐振动的动能、势能有步调上的差异,而波动质元的动能、势能关系是同步的.

10-9 波动过程中体积元的总能量随时间而变化,这和能量守恒定律是否矛盾?

答:对机械波的任意体积元来说,它的机械能是不守恒的,但它在从零到最大值之间周期性地变化的过程之中,不断地将来自波源的能量沿波的传播方向传出去,即该体积元不断地从后面的介质获得能量,又不断地把能量传递给前面的介质.可见弹性介质本身并不贮存能量,它只起到传播能量的作用.所以,波动是能量传递的一种方式,波动过程中体积元的总能量随时间而变化,这和能量守恒定律是不矛盾的.

10-10 波的干涉的产生条件是什么?若两波源所发出的波的振动方向相

同、频率不同，则它们在空间叠加时，加强和减弱是否稳定？

答：要有相干波源.当频率相同，振动方向相同，相位相同或相位差恒定的两列波相遇时，使某些地方振动始终加强，而使另一些地方振动始终减弱的现象，称为波的干涉现象.这两列波叫相干波，它们的波源称为相干波源.欲产生波的干涉现象，这个相干条件缺一不可.

在相干波相遇的某一点的振动振幅为

$$A=\sqrt{A_1^2+A_2^2+2A_1A_2\cos\Delta\varphi}$$

式中，A 为合振动振幅，A_1 和 A_2 为两列波传到相遇点所引起的振动振幅，$\Delta\varphi$ 为相位差.

当 $\varphi_1\neq\varphi_2$ 时，

$$\Delta\varphi=\varphi_2-\varphi_1-\frac{2\pi}{\lambda}(r_2-r_1)=\begin{cases}2k\pi, & A\text{ 最大(加强)}\\(2k+1)\pi, & A\text{ 最小(减弱)}\end{cases}$$

式中，$k=0,\pm1,\pm2,\cdots$.

当 $\varphi_1=\varphi_2$ 时，

$$\Delta\varphi=\frac{2\pi}{\lambda}(r_2-r_1)=\begin{cases}2k\pi, & \text{即 }\delta=r_2-r_1=k\lambda, A\text{ 最大}\\(2k+1)\pi, & \text{即 }\delta=r_2-r_1=(2k+1)\dfrac{\lambda}{2}, A\text{ 最小}\end{cases}$$

式中，δ 为波程差，$k=0,\pm1,\pm2,\cdots$.

当频率不相等时，由于合振幅计算中出现时间因子，$A=\sqrt{A_1^2+A_2^2+2A_1A_2\cos[(\omega_2-\omega_1)t+(\varphi_2-\varphi_1)]}$，其"相干项"的时间平均值一定为零，则不会出现振幅重新分配的结果，因此干涉最大和干涉最小将实际上不出现.

10-11　两波源发出频率相同、初相位差恒定的余弦波，在交叠区域内两波振动方向互相垂直，则合振动如何？

答：两列波相干一定要振动频率相同、振动方向相同、有恒定的相位差，才能在波传播的某些点使其合振动恒加强或恒减弱，才会出现相干现象.而两个互相垂直的波在某点合成时，一般形成椭圆振动.特殊时如

$$\begin{cases}x=A_1\cos\omega t\\y=A_2\cos\omega t\end{cases}$$

则得

$$\frac{x^2}{A_1^2}+\frac{y^2}{A_2^2}=\frac{2xy}{A_1A_2}$$

这是椭圆振动的一种特殊形式，此时合振动的轨迹是一条通过坐标原点，在第一、第三象限内的一条直线，其斜率等于两个分振动振幅之比，$y=\dfrac{A_2}{A_1}x$，如问题

10-11图所示.振幅不符合干涉特征,所以不会产生干涉现象.

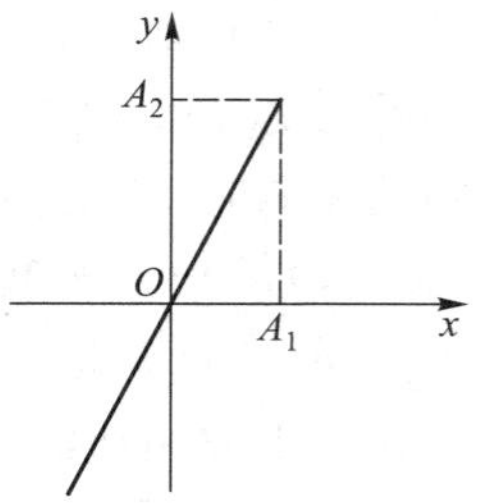

问题 10-11 图

10-12 两波在空间某一点相遇,如果在某一时刻该点合振动的振幅等于两波振幅之和,那么这两个波就一定是相干波吗?

答:不一定是相干波.这要区别两个概念:第一,两波相遇时某一时刻的合成(叠加);第二,两相干波相遇时任意时刻的合成(叠加).前者只强调某一时刻、某一位置的叠加,此时恰好两列波的振动位置在振幅处,则合成振动的位置就是两波的振幅之和;后者既强调任意时刻的叠加,又强调叠加后的周期稳定性,不仅考虑某一点,还要考虑整个叠加区域的周期稳定性.

因此,仅就题意看,无法判断两列波是否为相干波.

10-13 若两列波不是相干波,则当相遇且相互穿过后互不影响,若为相干波则相互影响,这句话对不对?为什么?同时,请分析叠加原理成立的条件.

答:此话不对.先从"叠加原理"的内容和条件来看"叠加"的概念:当振幅(强度)不很大,介质无非线性效应时的两列波相遇时,相遇点上以各波独立振动时的振动合成,由此引出"波的独立传播原理"——两列波相遇后仍能以各自独立传播时的特点继续传播.由此看来,两列波相遇后是否相互影响并不取决于是否为相干波,而是取决于是否有非线性效应出现.其次,相干波在叠加区域会出现稳定的、振幅重新分布的"相干图样",而不相干波则不会出现"相干图样".

10-14 驻波有什么特点?

答:驻波是由振幅、频率和传播速度都相同的两列相干波,在同一直线上沿相反方向传播时叠加而成的一种特殊形式的干涉现象.特点如下:

(1) 在驻波方程中,x 和 t 分别出现在两个余弦(或正弦)函数因子中.如典型驻波方程

$$y=2A\cos 2\pi\frac{x}{\lambda}\cos 2\pi\nu t$$

(2) 相邻两个波节(或波腹)$\begin{cases}\cos 2\pi\dfrac{x}{\lambda}=0\text{(波节)}\\ \cos 2\pi\dfrac{x}{\lambda}=1\text{(波腹)}\end{cases}$之间的距离为$\dfrac{\lambda}{2}$.

(3) 若在两端固定的直弦线上形成驻波,则弦长 L 满足:$L=n\dfrac{\lambda}{2}$,$n=1,2,\cdots$.

（4）两邻近波节之间的质元振动相位相同；某一波节两侧的质元振动相位相反.

（5）两邻近波节之间的能量在波节与波腹之间“振荡”.

10-15　在驻波的两个邻近波节之间，各质元振动的振幅是否相同？振动的频率是否相同？相位是否相同？

答：典型的驻波方程是 $y=2A\cos 2\pi\dfrac{x}{\lambda}\cos 2\pi\nu t$，振幅为 $\left|2A\cos 2\pi\dfrac{x}{\lambda}\right|$，在驻波的同一半波中，各质元振动的振幅不同，振幅为零的地方叫波节，振幅最大的地方叫波腹，由 x 决定.其余各点的振幅在零与最大值之间.

驻波实质上是全体介质元所作的相同频率的分段振动.两个相邻波节之间的介质元的振动相位相同，一个波节两侧的介质元的振动相位相反.

10-16　两列相干波形成驻波后的某一时刻，波线上各点的位移都为零，此时波的能量是否为零？如果不为零，是什么能量形式？哪些地方能量最大，哪些地方能量最小？

答：不为零.形成驻波后，两列波的能量被约束在邻近的波节之间，不向外传播.当驻波形成“波峰状”时，能量以势能形式出现，且在波节附近势能最大；当驻波形成“平直线状”时（即各点位移为零），能量以动能形式出现，且在波腹附近动能最大，波节附近动能最小.所以，各点的位移为零时，波的能量并不为零.

10-17　驻波的能量有没有定向流动，为什么？

答：驻波的能量没有作定向流动，驻波不传播能量.

驻波的能量在两个波节之间（或两个波腹之间）流动.当各点位移均最大时，各点速度为零，总能量等于各点势能之和.由于波节附近介质形变最大，能量集中在波节.当各点位移为零时，总能量等于各点的动能之和，因波腹处速度最大，能量集中在波腹.这样能量不断在波腹与波节之间来回运动，能流为零.就是说，驻波中能量无定向流动，并不向外传播出去.

10-18　波源向着观察者运动和观察者向着波源运动，都会产生频率增高的多普勒效应，这两种情况有何区别？

答：多普勒效应是“接收器”或“观察者”接收到的频率比波源实际频率高或低的现象.其接受频率数值上等于单位时间内“接收器”接收到的完整波列（波长）数.

若观察者相对于介质静止，他所接收到的频率就是波的频率.当波源向着观察者运动时，波源所发生的相邻两个同相振动状态是在不同的地点发出的，要比它静止时这两个相同振动状态的空间距离短一些，即波的波长变短，波被压缩，相应地观察者在单位时间内接收到的完整波列数增多，即观察者接收到的频率增大.

若波源相对于介质静止,则波的波长不变.当观察者向着波源运动时,观察者在单位时间内接收到的完整波的数目比他静止时接收得多.因此,接收到的波列数增加,频率增大.

综上所述,前者是由于压缩的波长而增加的波列数,后者是由于观察者向着波源运动而多接收的波列数,两者物理机制不一致.此外,从计算的角度看也不一样:

观察者向着波源运动时 $\nu'=\dfrac{u+v}{u}\nu$.

波源向着观察者运动时 $\nu'=\dfrac{u}{u-v}\nu$.

若波源和观察者都相对于介质运动,那么,这两种物理过程将同时存在.

10-19　声波中的可闻声要满足什么条件?乐音与噪声有何区别?噪声的危害有哪些?

答:可闻声要满足强度和频率两个条件:强度要大于或等于 10^{-12} W·m^{-2},频率要在 20 Hz 至 20 kHz 之间.乐音与噪声的物理区别在于,前者是有规律的谐频及其若干强度不大的谐频合成的声波,后者是无规则的声波及其若干组合的声波.但日常生活中,把声强过大、无休止的、妨碍人们休息的乐音也称为噪声.长期生活在噪声环境中,人们的听力和其他身体器官会受到伤害,应远离和避免噪声环境.

10-20　超声波与次声波如何界定?它们各自的应用有哪些?有什么主要的危害?

答:超声波与次声波的界定取决于机械波的频率.频率高于 20 kHz 的机械波形成超声波(现代超声技术已能获得高达 10^9 Hz 的超声波).次声波又称亚声波,一般指频率在 10^{-4}~20 Hz 之间的机械波.超声波可用于工业无损探伤、机械加工和医学治疗等方面.次声波已成为用来研究地壳、海洋、大气等大规模运动的有力工具.次声波会对生物体产生影响,某些频率的强次声波能使人疲劳,甚至导致失明.

10-21　普通的 LC 振荡电路为什么不能用来有效地发射电磁波?要有效地把电磁能量发送出去,振荡电路必须具备些什么条件?

答:理论证明,振荡电路的固有频率越高,越能有效地把能量辐射出去,而普通的 LC 振荡电路中,L 和 C 都比较大,其固有频率$\left(\nu=\dfrac{1}{2\pi\sqrt{LC}}\right)$很低,另外,在 LC 电路中,电场能量和磁场能量还局限在电容器和线圈内,不利于把电磁能辐射出去,故 LC 振荡电路不能用来有效地发射电磁波.要能有效地将电磁能量发送出去,就必须改变振荡电路的形状,以提高电路的固有频率,并使电路敞开,这样就能有效地将电磁能分散到空间中去了.

10-22 在一个振荡电偶极子的附近有一线圈,其中接上一个小灯泡,如问题10-22图所示.(1) 当电偶极子的两端与一高频交流电源相接时,灯泡就会亮起来,为什么?(2) 如果电偶极子与直流电源相接,那么灯泡是否会亮?

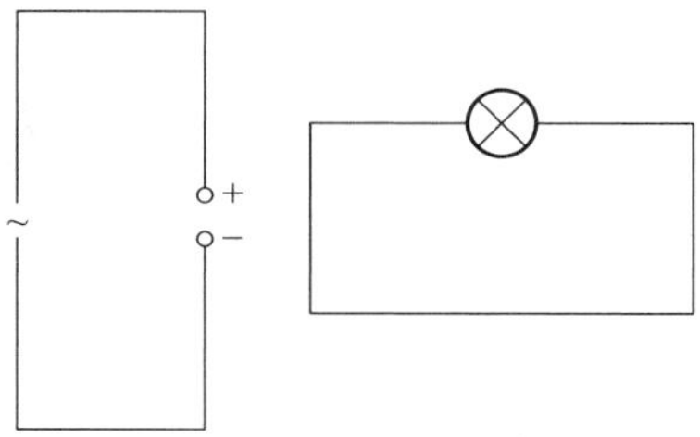

问题 10-22 图

答:(1) 当偶极子的两端与一高频交流电源相接时,偶极子发生振荡,激发变化的电磁场,该电磁场在灯泡线圈内产生感应电流,灯泡就会亮起来.

(2) 如果偶极子与直流电源相接,偶极子不发生振荡,偶极子也不辐射电磁场,所以灯泡不会亮.

三、解题感悟

以问题 10-8 为例进行分析.

波是以振动为前提条件的,它是“整体”的振动.但波动却有着与振动很不一样的地方,特别是能量方面.介质的“整体”振动需要有彼此的“牵挂”,正是这种“牵挂”使波动的能量从相位到守恒关系都有着与振动不一样的结果,本题正是为此而设计的.

第十一章

光　学

一、概念及规律

1. 光的干涉

（1）**光的干涉条件**　频率相同，振动方向相同，相位差恒定．由于普通光源的原子或分子发光的特点，相干条件难以得到满足．

（2）**获得相干光的方法**　① 分波振面法：在同一波阵面上，取出两部分面元作为相干子波源的方法．② 分振幅法：利用反射和折射使一束光的振幅分成两部分相干光的方法．

（3）**半波损失**　光从光疏介质射向光密介质的表面时反射光产生 π 的相位突变，相当于反射光与入射光之间附加了半个波长的光程差．

2. 杨氏双缝干涉　薄膜干涉

（1）**杨氏双缝干涉**　如图 11-1 所示，在光源的前方放一狭缝 S，在 S 前又放有与 S 平行而且等距离的两条狭缝 S_1 和 S_2，从 S 发出的光波被 S_1 和 S_2 分割为两束相干光，它们在空间相干叠加后在屏幕上形成干涉条纹．

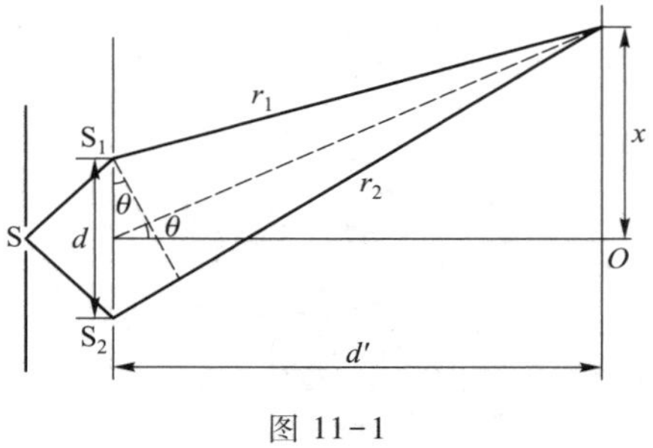

图 11-1

干涉条纹的位置：

$$x = \pm k\frac{d'\lambda}{d},\qquad 明纹中心\quad k=1,2,3,\cdots$$

$$x=\pm(2k+1)\frac{d'\lambda}{d},\quad 暗纹中心\quad k=1,2,3,\cdots$$

（2）**薄膜干涉**　光波经薄膜上、下表面反射后相遇叠加所产生的干涉现象.其中等厚干涉是最常用的一种情况.

（3）**等厚干涉**　平面光波入射到厚度不均匀的透明介质薄膜上,通过反射在膜表面厚度相同的地方形成明暗相间的条纹的现象.当光垂直入射时两束反射光程差满足

$$\Delta=2nd+\frac{\lambda}{2}=k\lambda,\qquad k=1,2,3,\cdots\qquad 明纹$$

$$\Delta=2nd+\frac{\lambda}{2}=(2k+1)\frac{\lambda}{2},\quad k=0,1,2,\cdots\qquad 暗纹$$

式中,n 为膜的折射率(膜上、下为空气),$\frac{\lambda}{2}$为半波损失引起的光程差.

3. 光的衍射

光的衍射　光在传播时能绕过障碍物并产生明暗相间的条纹的现象称光的衍射.衍射效果由波长和障碍物的线度比来决定,比值约为 1 时,衍射效果最好.

衍射分类如下.

（1）菲涅耳衍射:光源或屏离衍射物有限远的衍射.

（2）夫琅禾费衍射:光源和屏离衍射物无限远的衍射.

4. 单缝衍射　圆孔衍射　光栅衍射

（1）**单缝(夫琅禾费)衍射**　用单色平行光垂直照射单缝,单缝后放置一透镜,在透镜的焦平面上放置一屏幕,则在屏幕上可以看到中央明纹两侧对称分布着明暗相间的各级条纹(如图 11-2 所示).明暗纹位置由下式确定:

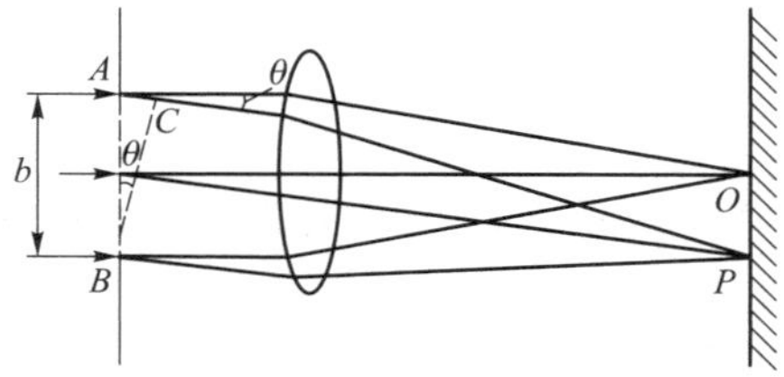

图 11-2

$$\theta=0,\qquad k=0\qquad 中央明纹中心$$

$$b\sin\theta=\pm2k\frac{\lambda}{2},\qquad k=1,2,3,\cdots\qquad 暗纹中心$$

$$b\sin\theta=\pm(2k+1)\frac{\lambda}{2},\quad k=1,2,3,\cdots\qquad 明纹中心$$

式中,b 为缝宽,θ 为衍射角.

(2) **圆孔衍射**　单色平行光垂直照射小圆孔时,在透镜焦平面的屏幕上出现中央为亮圆斑,周围为明、暗相间的环形衍射图样的现象.中央亮斑称为艾里斑,艾里斑角半径为

$$\theta_0 = 1.22\frac{\lambda}{D}$$

式中,θ_0 为艾里斑对透镜中心的半张角,D 为圆孔直径.

(3) **光栅衍射**　由大量等宽、等间距的平行狭缝构成的光学元件称为光栅.

① 光栅方程

$$(b+b')\sin\theta=\pm k\lambda,\quad k=0,1,2,\cdots$$

式中,b 为透光宽度,b'为不透光宽度,θ 为衍射角.

② 缺级条件　当 θ 角同时满足光栅方程主明纹条件和单缝衍射暗纹条件时,即

$$(b+b')\sin\theta=\pm k\lambda,\quad k=0,1,2,\cdots$$

且
$$b\sin\theta=\pm k'\lambda,\quad k'=1,2,3,\cdots$$

两式相除后得缺级条件:

$$k=\frac{b+b'}{b}k'$$

5. 光的偏振

光的偏振是光的横波性的必然结果.

(1) **种类**　自然光、线偏振光、部分偏振光、圆偏振光和椭圆偏振光.

(2) **起偏方式**　偏振片(二向色性)、反射(布儒斯特角)、双折射等.

二、思考及解答

11-1　如问题 11-1 图所示,两盏钠光灯发出波长相同的光,照射到点 P,问能否产生干涉?为什么?如果只用一盏钠光灯,并且黑纸盖住钠光灯的中部,使 A、B 两部分的光同时照射到点 P,问能否产生干涉?为什么?

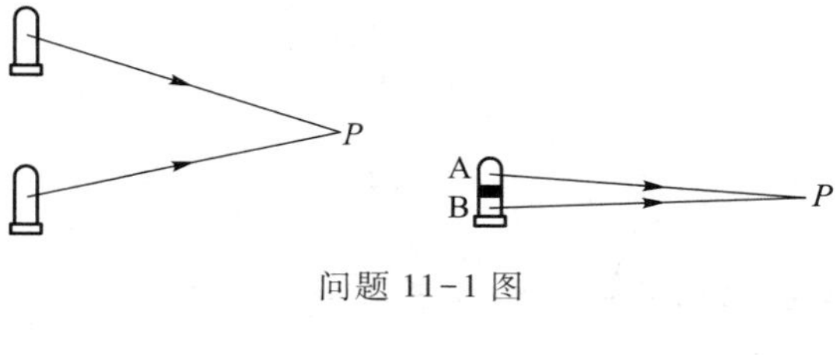

问题 11-1 图

答：这两种情况均不能形成干涉图像.

因为对于钠光灯等普通光源，光是由光源中大量原子、分子从不同能级跃迁到另一些不同能级时辐射出来的.这些原子、分子各自独立地发出一个个波列，彼此间频率可以不一样（能级差不同），相位亦没有任何联系（发光时刻先后不一），且一个原子本身先后发出的光波列的振动方向也很难相同（原子角动量取向混乱）.所以，两盏钠光灯或者一盏钠光灯的两个部分都不能构成相干光源.相类似的情况如：两个手电筒、两盏白炽灯.而如果是两个同频率的激光器，由于激光发光的本质特性，它们是相干光源.

11-2　如问题 11-2 图所示，由相干光源 S_1 和 S_2 发出的波长为 λ 的单色光，分别通过两种介质（折射率分别为 n_1 和 n_2，且 $n_1>n_2$）射到这两种介质分界面上的一点 P.已知两光源到点 P 的距离均为 r.问这两条光的几何路程是否相等？光程是否相等？光程差是多少？

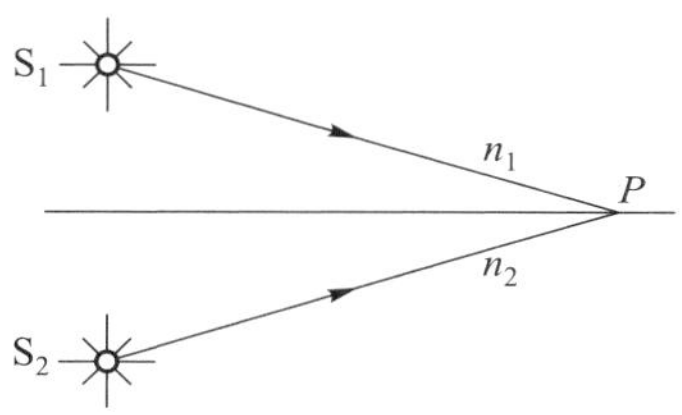

问题 11-2 图

答：光程是介质的折射率和光在介质中的几何路程的乘积.本题中两条光的几何路程相等，均为 r，但折射率不等，因此光程不等，光源 S_1 到点 P 的光程为 n_1r，光源 S_2 到点 P 的光程为 n_2r，所以光程差为 $\Delta=(n_1-n_2)r$.

11-3　在杨氏双缝干涉中，若作如下一些情况的变动，屏幕上的干涉条纹将如何变化？（1）将钠黄光换成波长为 632.8 nm 的氦氖激光；（2）将整个装置浸入水中；（3）将双缝（S_1 和 S_2）的间距 d 增大；（4）将屏幕向双缝靠近；（5）在双缝之一的后面放一折射率为 n 的透明薄膜.

答：定量分析杨氏双缝干涉明暗条纹中心的位置时得到

$$x=\begin{cases}\pm\dfrac{1}{n}\dfrac{d'}{d}k\lambda, & k=0,1,2,\cdots \quad（明条纹中心）\\ \pm\dfrac{1}{n}\dfrac{d'}{d}\left(k+\dfrac{1}{2}\right)\lambda, & k=0,1,2,\cdots \quad（暗条纹中心）\end{cases}$$

相邻明纹（或暗纹）间距离为 $\Delta x=\dfrac{d'}{nd}\lambda$.

（1）由于 $\lambda_{钠}=589.3\ \text{nm}$，$\lambda_{氦氖}=632.8\ \text{nm}$，$\lambda_{氦}>\lambda_{氖}$，所以干涉条纹间距增大，但仍为等间距分布.此外，由于激光的时间相干性好，条纹数和清晰度都会比普通钠黄光的多和高.

（2）开始时装置在空气中，$n=1$，现将整个装置浸入水中，$n_{水}>1$，则由 $\Delta x=\dfrac{d'}{n_{水}d}\lambda$，可知干涉条纹收缩、间距减小，但仍为等间距分布.

(3) 将双缝间距 d 增大,则条纹间距缩小,但由于光的空间、时间相干性的限制,反衬度(明暗程度)减小,当 d 很大时不再出现干涉条纹.

(4) 将屏幕向双缝靠近,则 d'变小,干涉条纹也会收缩变窄,但仍为等间距分布.

(5) 设在下面缝的后面放一折射率为 n 的透明薄膜,厚度为 l,则两缝到屏中央位置点 P 处的光程差为

$$\Delta = r_2 - r_1 = [r + (n-1)l] - r = (n-1)l > 0$$

所以中央明条纹位置下移.因为 $\Delta x = \frac{d'}{d}\lambda$,所以明、暗条纹间距不变.但通过双缝后的两束光强不相等了,反衬度也会因通过两缝的光强不等而降低.

11-4　如问题 11-4 图所示,将杨氏双缝之一遮住,并在两缝的垂直平分线上放置一平面镜,屏幕上的条纹如何变化?

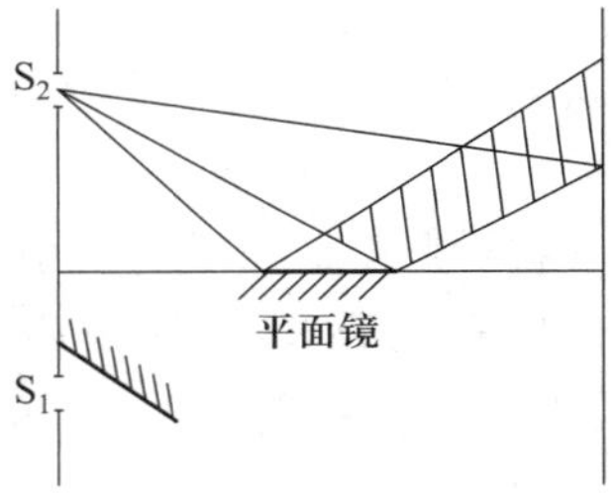

问题 11-4 图

答:将杨氏双缝之一遮住,且在两缝的垂直平分线上置一平面镜后,干涉条纹会出现三种变化:

(1) 由于平面镜对反射光的半波损失,使得原来的两条光线对应增大 $\frac{\lambda}{2}$ 的附加光程差,所以屏幕上原来的明条纹变成暗条纹,原来的暗条纹变成明条纹,即明、暗条纹交换位置.

(2) 干涉区域由中心位置的上、下两侧均有分布减少为只在上侧有条纹分布,如图中阴影部分所示.

(3) 由于平面镜反射时的能量损失,也会使两束相遇光强不等,从而出现反衬度的下降.

11-5　如果在太阳能电池板表在镀上一层薄膜介质,有没有可能提高太阳能电池板收集太阳能的效率?

答:太阳能电池是一种由于光生伏打效应而将太阳光能直接转化为电能的器件,是一个半导体光电二极管.当太阳光照到光电二极管上时,产生光电效应,光电二极管就会把太阳的光能变成电能,从而产生电流.当许多个电池串联或并联起来就可以成为有比较大输出功率的太阳能电池方阵了.

太阳能电池的"收集太阳能效率"是一个十分复杂的技术问题,它涉及太阳能电池板的材料、掺杂、工艺、层厚和光谱响应等.就本题题意而言,显然是指在太阳能电池表面镀一层光学介质膜,由薄膜干涉原理可知,这层膜可以改善通光

光谱域.比如,已知某太阳能电池的光谱响应在长波(或短波),那么我们可以选符合长波(或短波)增透的光学膜,使进入太阳能电池的光通频率集中在响应区内,这可能是改善太阳能电池板效率的一个措施之一.

11-6 在空气中的肥皂泡膜,随着膜厚度的变薄,膜上将出现颜色,当膜进一步变薄并将破裂时,膜上将出现黑色,试解释之.

答:空气中的肥皂泡膜,随着膜厚度的变薄,可以形成光的薄膜干涉,不同厚度满足不同波长的相干加强条件,因而在太阳光照射下出现彩色图纹.当膜进一步变薄并将破裂时,膜的厚度为零,但膜上、下表面的反射光有$\frac{\lambda}{2}$附加光程差,干涉相消,所以膜上为黑色(无光).

11-7 窗玻璃也是一块介质板,但在通常日光照射下,为什么我们观察不到干涉现象?

答:首先要明白一个道理,一般的光源(包括太阳光源)发出的光波列长短是有限的,对分振幅干涉(即"薄膜干涉")而言,从同一波列中"分割"出的两波列的光程差不能大于波列长度,其次,虽然窗玻璃是一块介质板,但由于反射层厚,反射光之间光程差过大,可能达到或超过波列长度,就不能形成干涉现象.但如果是一层很薄的玻璃或者两块玻璃所夹的一层空气膜,在阳光照射下也会形成干涉现象.

11-8 单色光垂直照射空气劈尖,观察到的条纹宽度为$b=\frac{\lambda}{2\theta}$,问相邻两暗条纹处劈尖的厚度差为多少?

答:由于观察到的条纹宽度为$b=\frac{\lambda}{2\theta}$,即相邻两暗条纹中心的距离为$b$,由于劈尖角度很小,所以相邻两暗条纹处劈尖的厚度为$d=b\sin\theta\approx b\theta=\frac{\lambda}{2}$.

11-9 问题 11-8 中,如用折射率为n的物质构成劈尖,问条纹宽度有何变化?相邻两暗条纹处劈尖的厚度差为多少?

答:如用折射率为n的物质构成劈尖,因$\lambda'=\frac{\lambda}{n}$,则条纹宽度$b=\frac{\lambda'}{2\theta}=\frac{\lambda}{2n\theta}$,条纹间距减小,相邻两暗条纹处劈尖的厚度差为$b\theta=\frac{\lambda}{2n}$.

11-10 如问题 11-10 图所示,若劈尖的上表面向上平移,干涉条纹会发生怎样的变化[图(a)]?若劈尖的上表面向右方平移,干涉条纹又会发生怎样的变化[图(b)]?若劈尖的角度增大,干涉条纹又会发生怎样的变化[图(c)]?

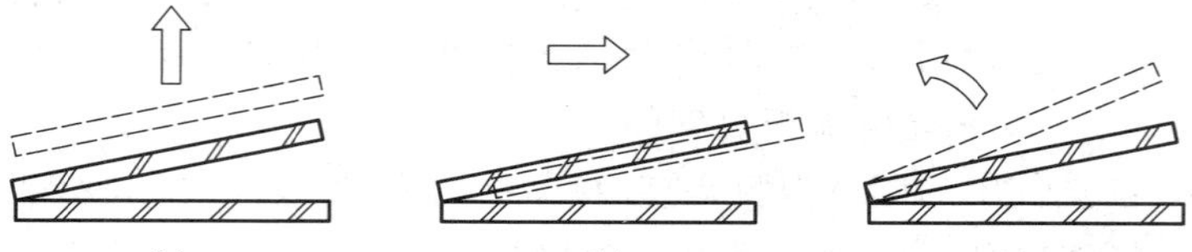

问题 11-10 图

答：由劈尖干涉明纹的条件 $2nd+\dfrac{\lambda}{2}=k\lambda, k=1,2,3,\cdots$ 可见，条纹级数随厚度增加而增加；此外条纹宽度 $b=\dfrac{\lambda}{2\theta}$.

（1）劈尖各处厚度同时增大，原来 k 级明纹的位置被 k' 级明纹代替，$k'>k$. 所以，条纹向左平移，形状和条数均不变. 但由于空气膜厚度增加，条纹的清晰度下降.

（2）由于劈尖的位置向右平移，所以条纹整体向右平移，级数不变，形状不变，条数减少.

（3）由于劈尖的位置不变，劈尖角度 θ 增大，条纹宽度变小，所以条纹向左移动，并且变密，总条数增多. 同时，条纹级数越大，其清晰度也下降.

11-11　工业上常用光学平面验规（表面经过精密加工，作为标准的平板玻璃）来检验金属平面的平整程度. 如问题 11-11 图所示，将验规放在待检平面上形成一个空气劈尖，并用单色光照射. 如待检平面上有不平处，干涉条纹将发生弯曲. 试判定图中 A 处，待检平面是凸起还是凹下？

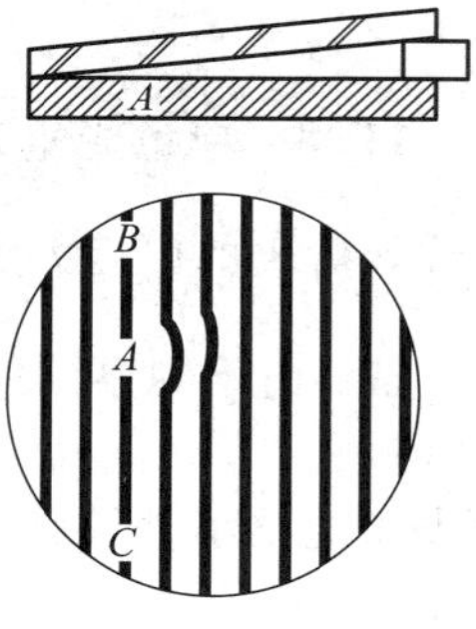

问题 11-11 图

答：劈尖同一级干涉条纹对应的薄膜厚度相等，如问题 11-11 图所示，A、B、C 三点处空气膜的厚度相等. 因为劈尖在左侧，级数（薄膜厚度）向右侧递增，所以 A 处是凸起的. 此外，由于条纹弯曲最大限度为 $b'=\dfrac{b}{2}$，b 为相邻两明纹（或暗纹）的宽度，所以平面凸起的最大尺度大约为 $d'=\dfrac{d}{2}=\dfrac{1}{2}\times\dfrac{\lambda}{2}=\dfrac{\lambda}{4}$.

11-12　劈尖干涉中两相邻条纹间的距离相等，为什么牛顿环干涉中两相邻条纹间的距离不相等？如果要相等，对透镜应作怎样的处理？

答：由于劈尖的空气薄膜厚度呈线性变化，故两相邻条纹的间距相等，而牛顿环的空气薄膜呈弧形，厚度为非线性变化，故两相邻条纹的间距不等. 如要相等，可使透镜的弧形表面变为线性表面.或者，在"空气膜"中填置一种折射率随"空气膜"厚度变化的介质，以抵消几何路径的非线性变化，使"光程"呈线性变化，也能使条纹间距相等.

11-13　如问题 11-13 图所示，平凸透镜可以上下移动.若以单色光垂直照射透镜，看见条纹向中心移动，问透镜是向上还是向下移动？

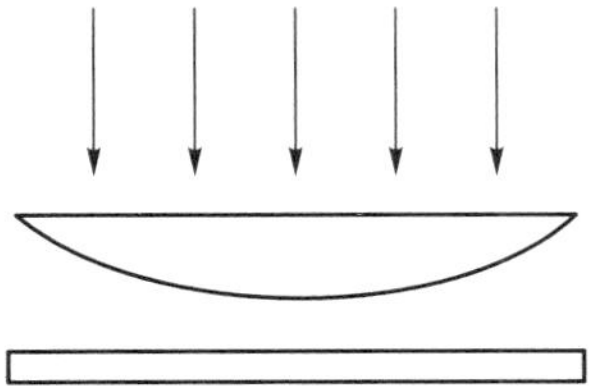

问题 11-13 图

答：因为条纹级数随空气膜厚度的增加而增大，越往外级数越高，所以，由条纹向中心移动可判断，原来某一位置处对应的明纹级数增大，即该处的薄膜厚度增大，所以透镜向上移动.

11-14　光的衍射和干涉现象有何异同？

答：首先要说明的是，无论光的衍射还是干涉都是光的波动性的特征.而波动性的最主要表现形式就是衍射，干涉是以衍射为前提的.其次从教学角度上对干涉、衍射作恰当的界定.从定义看，光的干涉现象是由相干光（同振动方向、同频率和相位差恒定的光）在空间相遇后而产生的现象，在相遇的空间放一屏幕上能形成明暗相间的条纹；光的衍射现象是指光在传播过程中，遇到尺寸比光的波长大得不多的障碍物时，它就不再遵循直线传播的规律，而会传到障碍物的阴影区形成明暗相间的条纹的现象.光的衍射现象可以用惠更斯原理定性地解释，而要进一步解释衍射波在各方向的强度（明暗相间的条纹），需用"子波相干叠加"的概念，即从同一波面上各点发出子波是相干波，在传播到空间某一点时，该点的强度是各子波相干叠加的结果，这就是用惠更斯-菲涅耳原理进行计算的思想.最后出现明暗相间的条纹时，如何区别是衍射条纹还是干涉条纹呢？一般来说，有限个子波干涉叠加形成的条纹是干涉条纹，如多缝干涉；而无限个子波干涉叠加形成的条纹是衍射条纹，如单缝衍射.

11-15　为什么在日常生活中声波的衍射比光波的衍射更加显著？

答：若要衍射现象明显，要求入射波（光）的波长与障碍物的尺寸相差不大.在日常生活中，光波（可见光）的波长范围为 400～760 nm，而可听到的声波的频率为 20～20 000 Hz，其波长为 17～0.017 m.尺寸在 17～0.017 m 的障碍物在日常生活中有很多，而尺寸在 400～760 nm 的微小障碍物在日常生活里很难被发现，这就是声波衍射比光波衍射更显著的原因.如一个房间里的人讲话，另一个房间里的人能听到的现象就是声波的衍射.

11-16　在单缝衍射中，当作如下一些情况的变动时，屏幕上的衍射条纹将如何变化？（1）用钠黄光代替波长为 632.8 nm 的氦氖激光；（2）将整个装置浸入水中，使缝宽 b 不变，而将屏幕右移至新装置的焦平面上；（3）将单缝向上作小位移;(4) 将透镜向上作小位移.

答: (1) 激光因其相干性好,方向性强,亮度高的优点通过单缝时能形成明显衍射条纹.若将波长为623.8 nm的氦氖激光换成普通的纳黄光,则失去了上述优点.且钠黄光的波长约550.0 nm,比氦氖激光波长小,衍射效应亦弱.此外,钠黄光是双线结构,它是由两条靠得很近的波长构成,这也降低了其衍射的"反衬度".

(2) 根据明纹宽度公式 $l_0=\dfrac{2\lambda f}{bn}$(中央明纹)和 $l=\dfrac{\lambda f}{bn}$(其他明纹),水的折射率大于1,故将整个装置浸入水中,在焦平面的衍射亮纹变细.

(3) 我们研究和观察的单缝衍射属于夫琅禾费衍射,单缝后的透镜是起将平行光聚焦于焦平面上的作用.当单缝向上作小位移时,只要仍在激光的平行光束之内,根据几何光学规律,零光程差位置仍在透镜的中心处,故衍射条纹不变.(如光栅衍射中有多个缝,每个缝都有单缝衍射的调制作用,且每个缝的单缝衍射条纹重合.)若单缝向上移动偏离激光的入射方向,没有光进入缝,当然也就没有衍射现象.

(4) 若将透镜向上作小位移,则中央明纹中心略向上移动,整个衍射条纹无明显的其他变化.

11-17　光栅衍射和单缝衍射有何区别?为何光栅衍射的明纹特别明亮?

答: 光栅衍射和单缝衍射的区别在于:① (透射)光栅是由许多平行排列的等距离、等宽度的狭缝组成,光栅衍射是单缝衍射调制下的多缝干涉.② 从衍射所形成的衍射条纹看,单缝衍射的明纹宽,亮度不高,明纹与明纹间距不明显,不易辨别.而光栅衍射形成的明纹细且明亮,明纹与明纹的间距大,易辨别与测量.

为何光栅衍射明纹特别亮呢?这是由于狭缝多的原因,由于狭缝多,从光栅衍射后形成的明纹(主极大)的振幅 A 是从单缝出来的波的振幅 A_0 的 N 倍,即 $A=NA_0$,由于强度跟振幅的平方成正比,故光栅衍射的明纹是任一狭缝出来的光强的 N^2 倍,这就是明纹特别亮的原因.此外,在相邻的明纹之间有 $N-1$ 个次极大和 $N-2$ 极小(暗纹),次极大强度的峰值与主极大(明纹)的强度比会随着狭缝 N 的增大越来越小,这样在相邻两明纹之间的暗区背景衬托得明纹就更加明亮.

问题 11-18 图

11-18　如问题11-18图所示,光盘表面在白光照射下经常会产生有规律的彩色图样,不管光盘是否刻录过都可以产生.这些绚丽的图样是如何形成的？

答：无论光盘是否刻录磁信息，光盘表面都有刻好的磁道，该磁道宽窄与光波长可相比拟，当白光照射其表面时，它能像反射光栅一样产生一定规则的衍射光谱，即形成彩色图样.通过彩色图样的观察还可以判断磁道是否受损，以及受损严重程度.

11-19　在光栅某一衍射角 θ 的方向上，既满足 $(b+b')\sin\theta=2\times600$ nm（红光），也满足 $(b+b')\sin\theta=3\times400$ nm（紫光），即出现了红光的第二级明纹与紫光的第三级明纹相重合的现象，因而干扰了对红光的测量，试问该用什么方法避免之？

答：可以用红色滤波片使红光通过，隔掉紫光. 也可以改变入射光角度，以斜入射的方式经光栅衍射，这样就能使红光的二级谱线与紫光的三级谱线的衍射角度不同，从而避免重合.

* **11-20**　当用手机拍摄电脑屏幕上的图像时，经常会发现拍摄的照片上布满许多无规则的条纹（莫尔条纹）.你知道这是怎么回事吗？（提示：手机和电脑屏幕相当于不同光栅常量的光栅.）

答：出现莫尔条纹的原因类似于振动或波动中的“拍”现象，它是空间中两个周期排列的结构叠加产生的.现在的液晶显示器以及手机摄像头的感光单元都是周期像素阵列结构，这些像素尺寸和间距都很小，人眼并不能把它们区分开.不过当拍摄屏幕时，可以看作两个高频率阵列图案的叠加，且两者的空间频率比较接近，这样叠加后在空间中出现“拍”的现象，也就是出现低频的周期图案能被人眼所识别，这就是莫尔条纹.

除了拍摄屏幕时，在拍摄比较密集的条纹或周期排列的物体（如格子衣服）时也有可能出现莫尔条纹.为了减弱或消除莫尔条纹可以调整手机拍摄的距离与角度，原理就是改变两个条纹空间频率的对应关系，也就是破坏“拍”出现的条件.

11-21　如问题 11-21 图所示的光路，哪些部分是自然光，哪些部分是偏振光，哪些部分是部分偏振光？试指出偏振光的振动方向.若 B 为折射率为 n 的玻璃，周围为空气，则入射角 i 应满足什么条件？

答：A 的左侧为自然光，从 A 出来后为部分偏振光，经 B 反射的是线偏振光，振动方向垂直于纸面.若 B 是折射率为 n 的玻璃，周围为空气，则入射角满足布儒斯特定律 $\tan i=\dfrac{n_2}{n_1}=n$.

11-22　如问题 11-22 图所示，Q 为起偏器，G 为检偏器.今以单色自然光垂直入射.若保持 Q 不动，将 G 绕 OO' 轴转动 360°，问转动过程中，通过 G 的光的光强怎样变化？若保持 G 不动，将 Q 绕 OO' 轴转动 360°，问转动过程中，通过 G

后的光强又怎样变化?

答: 根据马吕斯定律 $I=I_0\cos^2\alpha$.I_0 为自然光通过 Q 后的光强,α 为两偏振片偏振化方向的夹角,在题目的两种情况中,无论是转动其中任一偏振片,夹角 α 都将从 0°变到 360°,所以从 G 出来后的光的光强都有 $I_0,0,I_0,0$ 的值,即通过 G 后的光强会有两明两暗的变化.

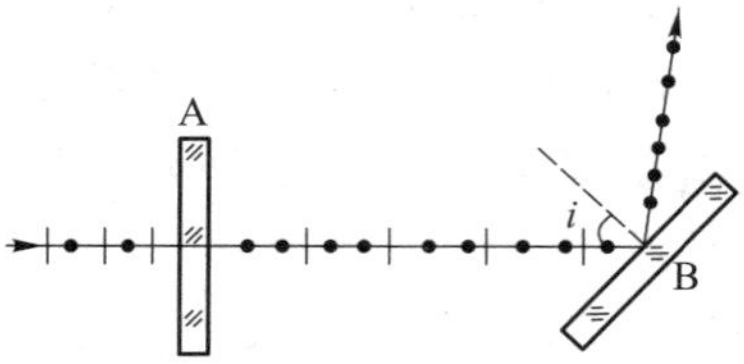

问题 11-21 图

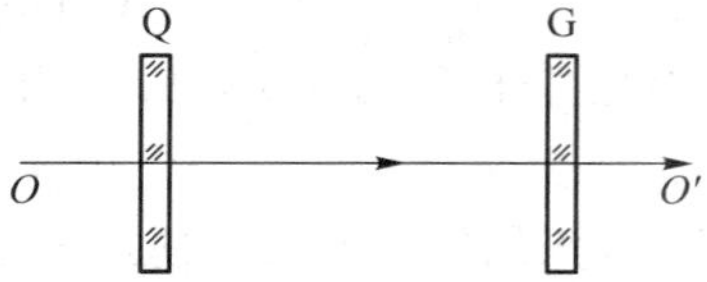

问题 11-22 图

11-23　问题 11-22 中,若使 Q 和 G 的偏振化方向相互垂直,则通过 G 的光强为零.若在 Q 和 G 之间插入另一偏振片,它的方向和 Q 及 G 均不相同,则通过 G 的光强如何?

答: 如问题 11-23 图所示,设在 Q 与 G 之间插入另一偏振片,该偏振片的偏振化方向与 Q 的偏振化方向的夹角为 α,则根据马吕斯定律,从 G 出来的光的强度为

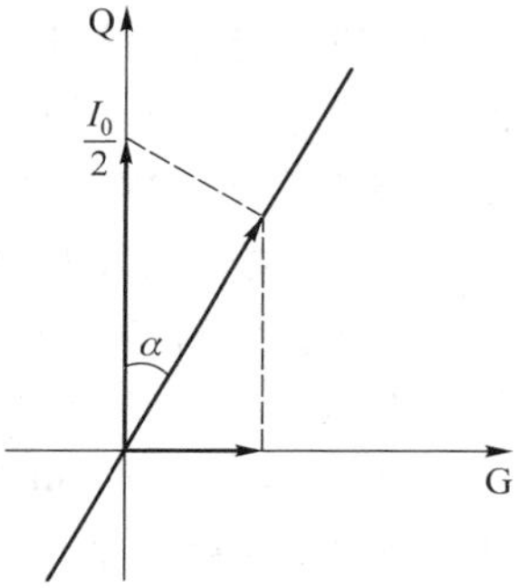

问题 11-23 图

$$I=\frac{1}{2}I_0\cos^2\alpha\cos^2(90°-\alpha)=\frac{1}{8}I_0\sin^2 2\alpha$$

式中,I_0 为入射的自然光的强度.

11-24　如问题 11-24 图所示,当汽车在马路上奔驰时,司机经常会因前方汽车后窗玻璃或地面等的反射光而感到炫目.如果司机戴上用二向色性材料制作的偏振太阳镜,就可以减少炫目的光线.试解释这一现象的物理原理,并说明镜片的偏振化方向应如何取向.

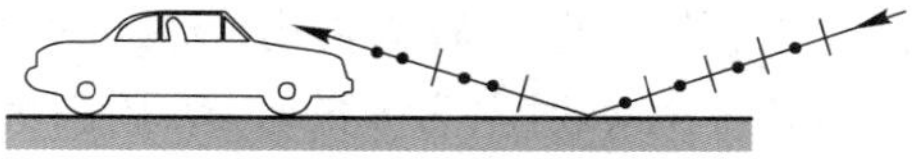
问题 11-24 图

答: 因为偏振光或部分偏振光往往会引起人们的炫目(其原因要到生理学中去寻找),通过课程学习我们知道,自然光在物体表面反射后会形成部分偏振光或偏振光(满足一定条件),所以司机会产生题意中的“炫目”.当司机

戴上用二向色性材料制作的偏振太阳镜后，就可以最大限度地减少反射光中的偏振光部分，以达到减少炫目的效果.至于“取向”如何？可根据反射光偏振化取向规律，司机所戴的偏振太阳镜的偏振化方向取在与车窗玻璃垂直的方向效果最好.

11-25　怎样获得偏振光？什么是起偏角？如问题 11-25 图所示，当用自然光或偏振光分别以起偏角 i_B 或任一入射角 i 射到一玻璃面时，反射光或折射光将发生什么情况？

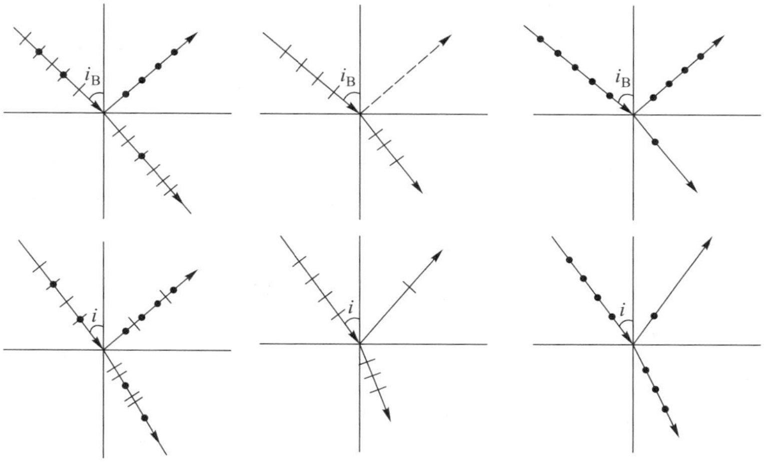

问题 11-25 图

答：获得偏振光的方法很多，如利用起偏器获得偏振光；利用反射和折射现象获得偏振光；利用双折射现象获得偏振光等.

当一束光射到两种介质的界面上时，随着入射角 i 改变，反射光的偏振化程度也随之改变.当入射角 i_B 满足 $\tan i_B = n_2/n_1$ 时，反射光中就只有垂直于入射面的光振动，而没有平行于入射面的光振动，反射光为全偏振光，此时的入射角 i_B 为起偏角，又称布儒斯特角.

* **11-26**　在杨氏双缝干涉实验的双缝后面均放置偏振片.若两偏振片的偏振化方向互相平行，这时屏上干涉条纹的极大值有何变化？若两偏振片的偏振化方向互相垂直，干涉条纹又有何变化？

答：因为双缝干涉的光强极大值正比于通过一个缝的光强的平方（两缝光强相同）.若光源情况不变，假设通过两缝的光强相同.

（1）因通过两偏振化方向互相平行的偏振片的光强减小为原光强的一半，则干涉极大值光强减小为原极大值的 1/4.

(2)若两偏振片的偏振化方向互相垂直,则通过双缝后的两束光的振动方向互相垂直,所以不会发生干涉,则干涉条纹消失.

*11-27 怎样区分自然光、线偏振光、部分偏振光、椭圆偏振光和圆偏振光?

答:首先用一张偏振片根据五种偏振光各自的特点分出:线偏振光;自然光、圆偏振光;椭圆偏振光、部分偏振光,共三组.其次根据圆偏振光、自然光通过1/4波片分别成为线偏振光和仍然为自然光的特征,用1/4波片,外加一张偏振片将第二组的自然光和圆偏振光鉴别出来.最后先用一张偏振片找到第三组光强最大的取向,即确定可能为椭圆偏振光的长轴方向,然后使1/4波片的光轴方向与此方向一致,此时通过1/4波片的椭圆光将成为偏振光,将被偏振片检测到,而部分偏振光通过1/4波片仍然为部分偏振光.这样就完成了所有偏振光的鉴别.

*11-28 摄影师透过玻璃窗拍摄室内的物体时,有时会在照相机镜头前加上一偏振镜片.这样拍摄的照片中室内的物体显得比较清晰.试问,这是为什么?

答:由于玻璃窗对外部景物有很多的反射,因此照相机镜头在未作特殊处理前,拍摄到的室内景物图像与玻璃窗反射的外部景物图像混杂在一起显得不清晰.由于反射光多半是偏振光或部分偏振光,当镜头上贴上一块偏振镜片后,镜头就可以最大限度地减少反射光的影响,因此使室内景物图像(透射光)变得清晰.

*11-29 在晴朗的正午,路面附近的空气比高处的空气暖和,而空气的折射率随温度的升高降低.试用这些事实解释常常看到的下列景象:远方的路上好像是一汪水.

答:所谓像一汪水,也就是相当于看到镜面反射的光.通常我们看到远处路面的光,是更远处斜入射的光经路面漫反射进入我们的眼睛.当考虑到路面上方空气的折射率是向下递减的效应后,故从远处射来的光线将慢慢向上偏折,如问题11-29图所示.可以看出,那些入射角度较大的光线,可以在到达地

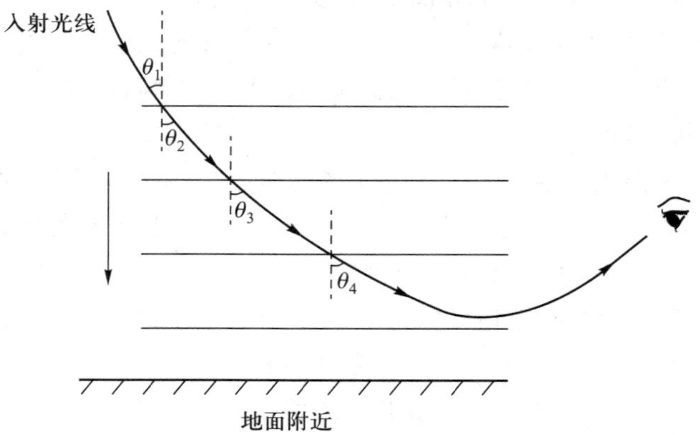

问题11-29图

面以前折返回空气进入人眼，从而会使人认为是经地面附近的空气“膜”反射进入眼睛，这样就似乎形成地面上的准镜面反射，看上去路面上是亮晶晶的，就像有了一汪水. 至于为什么是远处而不是近处看见如此现象，是因为近处的入射光角度小，难以实现光到达地面前反射，所以近处仍然只能看到经路面的漫反射光.

*11-30　许多卡车和公共汽车上使用的广角后视镜是凸的还是凹的？试估计此类镜子的曲率半径.

答：是凸面镜，有扩大视角的作用.

估测凸面镜半径的可能方法是，测量在汽车凸面镜中看到的物体的物距和(虚)像距，代入凸面镜成像公式，求出焦距，因焦距等于半径的 1/2，从而估测出凸面镜半径. 其他合理可行的方法亦可.

*11-31　眼睛背面视网膜上所成的像是正立向上的还是翻转向下的？

答：因为眼睛总体是凸透镜结构，且视网膜上所成的像一定是实像，根据凸透镜成像原理，实像一定与物互为倒置，所以应该是翻转向下的. 至于人为什么感觉到的像总与实物取向一致，这可能是属于心理和神经系统的习惯问题. 有研究表明，一个长期被限制在黑屋子里的人，刚刚走出屋子时看到的物体是倒置的，之后会恢复常态，这可能是上述结论的佐证.

三、解题感悟

以问题 11-17 为例进行分析.

对于光栅衍射，有两种理解：(1) 多缝干涉下的单缝衍射调制；(2) 单缝衍射下的(多个单缝)相干叠加. 前者强调“先”干涉，“后”调制；后者强调以衍射为前提. 无论是第一种理解，还是第二种理解，单缝衍射都是基础. 以单缝衍射为基础，又与单缝衍射结果很不一样的光栅衍射结果表明：$1+1\neq 2$ 的复杂哲学关系. 这可能是本选题的重要考虑所在.

第十二章

气体动理论

一、概念及规律

1. 理想气体及物态方程

(1) **理想气体** 一种理想化的气体模型.即将气体分子视为“质点”;分子间作用力不计;分子间以及分子与器壁碰撞视为完全弹性碰撞.实际气体在温度不太低和压强不太大情况下可近似地当作理想气体.

(2) **物态方程** 实验和理论可以证明,处于平衡态下的理想气体满足$pV=nkT=\nu RT$,该方程称为物态方程.它描述了平衡态下理想气体各状态量间的相互关系.

2. 理想气体压强 温度及平均平动动能

分子的无规则热运动是分子运动的基本特征,表面上无规律可言,实际上在平衡态下,个别分子的运动状态虽具有偶然性,但大量分子的整体表现都是有规律的,即描述理想气体状态的宏观量(如p、T)与描述分子热运动的微观量(如n、m、$\overline{v^2}$、$\overline{\varepsilon_k}$)存在相互关系.根据单个分子的力学行为和大量分子的统计规律可以导出

$$p=\frac{1}{3}nm\overline{v^2}=\frac{2}{3}n\overline{\varepsilon_k}$$

$$\overline{\varepsilon_k}=\frac{1}{2}m\overline{v^2}=\frac{3}{2}kT$$

以上两式说明,气体作用于“器壁”①压强正比于分子数密度n和分子平均平动动能$\overline{\varepsilon_k}$,而$\overline{\varepsilon_k}$是气体中所有分子平动动能的统计算术平均值,反映分子热运动的整体表现,描述了分子热运动的激烈程度.注意p、T、$\overline{\varepsilon_k}$都是针对大量分子而

---

① 此章中提到的“器壁”可以是有形的,也可以是无形的.

言的，是统计量，对单个分子而言，它们是毫无意义的.

3. 能量均分定理　理想气体内能

（1）**能量均分定理**　指在平衡态下，分子的平均能量按自由度均分，即分子任何一个自由度上都具有$\frac{1}{2}kT$的平均能量. 自由度为 i 的分子的平均能量为 $\bar{\varepsilon}=\frac{i}{2}kT$（式中，$i=t+r+v$），取决于分子的种类（单原子、双原子、多原子）和分子的刚性（即是否考虑分子中原子间的振动），运用能量均分定理可以方便地求得分子的平均能量，进而求得气体的内能. 实验说明能量均分定理存在局限性，要当气体温度不太低（常温及以上）时，对于单原子和双原子的气体分子来说，理论值与实验值符合得才好，其他情况则差异较大.

（2）**内能和内能增量**　运用能量均分定理可得到理想气体的内能和内能增量表达式：

$$E=\nu\frac{i}{2}RT$$

$$\mathrm{d}E=\nu\frac{i}{2}R\mathrm{d}T$$

上两式说明对于某一定量的理想气体，其内能和内能增量仅仅是温度 T 和温度增量 $\mathrm{d}T$ 的单值函数.

4. 麦克斯韦速率分布函数与玻耳兹曼分布律

（1）**麦克斯韦速率分布函数**　对于处于平衡态下的气体来说，尽管由于热运动，各个分子速率不尽相同，但实验和理论证明，大量分子的速率有一定的分布规律，即$\frac{\mathrm{d}N}{N}=f(v)\mathrm{d}v$，式中$f(v)=\frac{\mathrm{d}N}{N\mathrm{d}v}$称为速率分布函数，其物理含义是气体分子处于速率 v 附近、单位速率区间内的概率（即该单位速率区间内的分子数占总分子数的比例），又称为概率密度. $f(v)$与气体种类、气体在平衡态时的温度有关.

麦克斯韦首先从理论上得到理想气体在平衡态的速率分布函数

$$f(v)=4\pi\left(\frac{m}{2\pi kT}\right)^{\frac{3}{2}}v^2\mathrm{e}^{-\frac{mv^2}{2kT}}$$

形式，故称为麦克斯韦速率分布函数.

运用$f(v)$可求得分子速率介于各个区间内的概率. 如$\frac{\mathrm{d}N}{N}=f(v)\mathrm{d}v$（$v\sim v+\mathrm{d}v$区间），$\frac{\Delta N}{N}=\int_{v_1}^{v_2}f(v)\mathrm{d}v$（$v_1\sim v_2$ 区间）. 由于实际上$f(v)$是概率函数，故应满足归

一化条件,即 $\int_0^\infty f(v)\,\mathrm{d}v \equiv 1$.

(2) **三种速率** 根据麦克斯韦速率分布函数可以导出三种具有统计意义的速率,即 v_p、$\overline{v}$ 和 v_rms.

① 最概然速率 v_p 由 $\left.\frac{\mathrm{d}f(v)}{\mathrm{d}v}\right|_{v=v_\mathrm{p}}=0$ 得

$$v_\mathrm{p}=\sqrt{\frac{2kT}{m}}\approx 1.44\sqrt{\frac{RT}{M}}$$

② 平均速率 $\overline{v}$ 由 $\overline{v}=\frac{\int_0^\infty v\mathrm{d}N}{N}$ 得

$$\overline{v}=\sqrt{\frac{8kT}{\pi m}}=\sqrt{\frac{8RT}{\pi M}}\approx 1.60\sqrt{\frac{RT}{M}}$$

③ 方均根速率 v_rms 由 $\overline{v^2}=\frac{\int_0^\infty v^2\mathrm{d}N}{N}$ 得

$$v_\mathrm{rms}=\sqrt{\overline{v^2}}=\sqrt{\frac{3kT}{m}}=\sqrt{\frac{3RT}{M}}\approx 1.73\sqrt{\frac{RT}{M}}$$

其关系为 $v_\mathrm{p}<\overline{v}<v_\mathrm{rms}$,三种速率均正比于 $\sqrt{\frac{T}{M}}$,即三种速率都与气体的温度和种类有关.讨论速率分布及其变化多用 v_p 概念;讨论分子间碰撞多用 $\overline{v}$ 概念;而讨论分子平动动能则用 v_rms 概念.

(3) **玻耳兹曼分布** 对于自由粒子系统(如理想气体)来说,麦克斯韦速率分布函数实际可以表述为分子速率按其动能分布的规律,但对实际问题,则有时要讨论力场(如重力场)对气体的影响.此时既要考虑分子按速率分布(动能分布),又要考虑分子按空间位置分布(势能分布),称为玻耳兹曼能量分布律.由此规律可以导出重力场中气体的空间密度分布规律

$$n=n_0\mathrm{e}^{-\frac{mgz}{kT}}$$

和等温气压公式

$$p=p_0\mathrm{e}^{-\frac{mgz}{kT}}$$

可以看出,气体密度分布和压强分布与高度和温度有关.

5. 分子的平均碰撞频率与平均自由程

分子可以通过碰撞实现分子间动量和能量的交换,完成从非平衡态向平衡态的过渡.分子平均碰撞频率 $\overline{Z}$ 和平均自由程 $\overline{\lambda}$ 能反映分子间碰撞的频繁程度.

由 $\overline{Z}=\sqrt{2}\pi d^2\overline{v}n$ 可以看出，分子平均碰撞频率与气体种类、分子数密度和温度相关.

由 $\overline{\lambda}=\dfrac{1}{\sqrt{2}\pi d^2 n}$ 可以看出，分子在连续两次碰撞间所经历的路程的平均值 $\overline{\lambda}$ 与气体种类和分子数密度 n 相关.对于一定量的气体来说，只要体积不变，$\overline{\lambda}$ 是不变的.

6. 气体的迁移现象

非平衡态下，气体内各部分处于“不均匀”状态，会产生动量、能量和质量从一处向另一处定向迁移的现象.

(1) **黏性现象**　气体内各气层间存在相对流动时，气层间的黏性力使气层内部的流速发生变化的现象.从气体动理论的观点看，气体黏性现象的微观本质是分子定向运动动量的迁移，它是通过气体分子无规则热运动和分子间的碰撞实现的.其黏度为

$$\eta=\frac{1}{3}\rho\overline{v}\overline{\lambda}$$

(2) **热传导现象**　气体内存在温度差就有热量从温度较高区向温度较低区传递，这种由于温差而产生的热传递现象称热传导现象.从气体动理论的观点看，气体热传导现象的微观本质是分子热运动能量的定向迁移，它是通过分子无规则热运动和分子间碰撞完成的.其热导率为

$$k=\frac{1}{3}\rho\overline{v}\overline{\lambda}\frac{C_{V,\mathrm{m}}}{M}$$

(3) **扩散现象**　气体中由于分子数密度不同、温度不同、气层流速不同而发生的气体渗透的现象.从气体动理论的观点看，气体扩散现象的微观本质是气体分子数密度的定向迁移，它仍然是通过分子间的碰撞完成的.其扩散系数为

$$D=\frac{1}{3}\overline{v}\overline{\lambda}$$

二、思考及解答

12-1　你能从理想气体物态方程出发，得到玻意耳定律、查理定律和盖吕萨克定律吗？

答： 方程 $pV=\dfrac{m'}{M}RT$ 描述了理想气体在某状态下，p、V、T 三个参量所满足的

关系式.对于一定量的气体$\left(\frac{m'}{M}\text{不变}\right)$，经历一个过程后，其初态和终态之间有$\frac{p_1V_1}{T_1}=\frac{p_2V_2}{T_2}$的关系.当温度不变时，有$p_1V_1=p_2V_2$，这就是玻意耳定律；当体积不变时，有$\frac{p_1}{T_1}=\frac{p_2}{T_2}$，这就是查理定律；当压强不变时，有$\frac{V_1}{T_1}=\frac{V_2}{T_2}$，这就是盖吕萨克定律.由上可知三个定律是理想气体在经历三种特定过程时所表现出来的具体形式.换句话说，遵从玻意耳定律、查理定律和盖吕萨克定律的气体可视为理想气体.

12-2　香槟酒瓶或啤酒瓶剧烈摇晃后打开，会有很多泡沫喷出来，其原因是什么？

答：首先说明，香槟或啤酒瓶不能随意剧烈摇晃，极易造成爆炸后果.其次，由于啤酒或香槟酒中溶有大量二氧化碳，剧烈摇晃会使二氧化碳溶解度变小，这样在瓶中就会充满二氧化碳气体，且压强会很高.当打开瓶盖，瓶内的高压二氧化碳气体会迅速膨胀而出，压强迅速下降，此时可视为绝热膨胀，温度也迅速下降，周围热空气将以二氧化碳气体为中心液化，就有看似泡沫的气溶液喷出瓶口.最后要说明的是，在此过程中，其实还存在原本溶解在啤酒或香槟中的二氧化碳（未气化的那部分）因压强骤然变小也迅速进入膨胀气体当中.总之，这个现象是属于膨胀、降温、液化的物理过程.

12-3　气压式水瓶的基本工作原理是什么？

答：初始瓶内压强因小孔连通大气的关系，水面压强与出口处的压强基本相等.当活塞压缩瓶内气体使水面压强变大（大于出口处大气压强），瓶内的水就被挤压出出口，当活塞停止运动后，由于小孔与大气连通，瓶内水面压强恢复到与出口压强基本一致的程度，水就不会继续流出.

12-4　一定量的某种理想气体，当温度不变时，其压强随体积的增大而变小；当体积不变时，其压强随温度的升高而增大.从微观角度来看，压强增加的原因是什么？

答：压强是气体系统中大量分子在单位时间内对单位器壁面积碰撞的结果，其大小和碰撞频率（与单位体积内分子数和分子速度有关）以及每次碰撞分子作用于器壁的冲量（与分子质量和速度）有关，就如打伞遮雨时所感受的一样.公式$p=\frac{1}{3}nm\overline{v^2}$则定量地给出了上述结果，式中$n$与定量气体的体积有关，$\overline{v^2}$则与温度有关.在气体的温度不变时，气体分子的$\overline{v^2}$是不变的.但随着气体体积的增大，分子数密度$n$则减小，所以，在气体温度不变，而体积增大的情况下，气体的压强要减小；在体积不变，温度升高时的数密度虽不变，而分子的$\overline{v^2}$则随温度升高而增大,从而导致压强增大.

12-5　道尔顿(Dalton)分压定律指出:在一个容器中,有几种不发生化学反应的气体,当它们处于平衡态时,气体的总压强等于各种气体的压强之和.你能用气体动理论对该定律予以说明吗?

答:当题述的混合气体共处一个容器时,由于热运动,每种气体分子都将与器壁发生碰撞,对气体压强做出贡献.由力的叠加原理很容易理解,混合理想气体的总压强等于各种组分气体的分压强之和,即 $p=\sum_{i=1}^{n} p_i$.

12-6　阿伏伽德罗定律指出:在温度和压强相同的条件下,相同体积中含有的分子数是相等的,与气体的种类无关.你能用气体动理论对该定律予以说明吗?

答:由气体动理论知:压强 $p=\frac{1}{3}nm\overline{v^2}=\frac{2}{3}n\overline{\varepsilon_k}$,式中 $\overline{\varepsilon_k}=\frac{3}{2}kT$,不同气体分子,尽管质量 m 不同,但只要温度相同,则分子的平均平动动能 $\overline{\varepsilon_k}$ 相等.如 p 再相同,由上式知不同气体单位体积内分子数 n 必然相同,且与气体种类无关.

12-7　$\frac{3}{2}kT$ 是分子的平动动能吗?

答:气体分子因无规则碰撞,各个分子的平动动能各不一样,但具有一定的分布规律,按分布规律可以对大量分子求平动动能的平均值,$\frac{3}{2}kT$ 即为分子平均平动动能的值.由此可见,$\frac{3}{2}kT$ 并不是某个分子的平动动能,而是某一温度下分子平动动能的平均值,它反映了温度的高与低.

12-8　在平衡状态时,有人说气体分子沿某一方向速度的平均值 $\overline{v}_x=0$,也有人说 $\overline{v}_x\neq 0$.同样,$\overline{v}_y$ 和 $\overline{v}_z$ 也有相似的问题.你认为如何呢?

答:由于气体处于平衡状态时,分子速度具有等概率性,即分子在容器中向各个方向运动的分子数和速度大小机会均等.所以对任意方向求速度的平均值应该为零.因此,若将 $\overline{v}_x$ 看作速度沿 x 方向分量,求其平均值,则 $\overline{\boldsymbol{v}}_x=0$.但若将 $\overline{v}_x$ 看作速率大小的平均值,则 $\overline{v}_x\neq 0$.由题意看,似乎应该 $\overline{v}_x\neq 0$ 的结论是正确的.$\overline{v}_y$ 和 $\overline{v}_z$ 有类似分析.

三、解题感悟

以问题 12-4 和问题 12-7 为例进行分析.

温度的直观感觉是冷暖程度,科学的表述是“分子热运动的平均动能的量度”.这种科学表述对人来说反而是不能感受到的,但是若将温度与大量分子的宏观统计量压强联系到一起,我们多少就能感受到了.压强是大量分子作连续、剧烈的碰撞而产生的,通过压强感知剧烈运动,从而感知“分子的平均动能”——温度,这就是选用此两题的用意.

第十三章

热力学基础

一、概念及规律

1. 准静态过程

如果热力学系统在始末两个平衡态之间所经历的过程无限缓慢,使系统所经历的每一中间状态都可近似看成平衡态,这一过程称为准静态过程.它可用 $p-V$ 图上的一条曲线表示,简称为过程曲线,其中每一个点表示系统所经历的各个平衡态.准静态过程是实现可逆过程的必要条件,它实际上是理想过程,在理论研究上有重要意义.

2. 内能

内能 系统中所有分子热运动动能、分子间势能以及分子内部各原子间势能的总和.因此,内能应是系统状态(温度、体积)的函数,称为状态量.系统内能的增量只与始末状态有关,而与系统经历的过程无关.对于理想气体来说,由于不计分子间作用力和分子大小,理想气体的内能只是温度的单值函数.

3. 功和热量

功和热传递是系统与外界交换能量的两种方式,前者通常和气体体积变化相对应,用公式 $W=\int p\mathrm{d}V$ 计算,实现内能与机械能之间形式上的转化.后者是指除做功以外的能量交换方式,在这一方式中传递的能量称为热量,功和热量都是过程量.

4. 热力学第一定律

在系统状态发生变化时,系统与外界交换的热量,一部分使系统的内能发生变化,另一部分供系统与外界交换能量,产生做功关系.这是包括热现象在内的能量守恒定律.其数学表达式为 $Q=W+\Delta E$,运用时注意式中各物理量正负号的含义,$Q>0$,表示系统吸收热量,$Q<0$,表示系统放出热量;$\Delta E>0$,表示系统内能增加,$\Delta E<0$,表示系统内能减少;$W>0$,表示系统对外做功,$W<0$,表示外界对系统

做功.

5. 循环过程　卡诺循环　热机效率　制冷系数

（1）**循环过程**　系统经过一系列状态变化过程之后，又回到初始状态称为循环过程. 在此过程中，系统内能变化量恒为零，故有 $\sum Q_i = \sum W_i$，通过循环过程，可以完成热与功两种不同形式的能量的连续转化，在工程中有应用价值.

（2）**热机效率　制冷系数**　循环可分为正循环（热机循环）和负循环（制冷循环）两种. 对于两种循环，分别定义热机效率 η 和制冷系数 e 用来描述有关量之间的转换关系.

对热机有
$$\eta = \frac{W}{Q_1} = 1 - \frac{Q_2}{Q_1}$$

对制冷机有
$$e = \frac{Q_2}{W} = \frac{Q_2}{Q_1 - Q_2}$$

注意式中 Q_1 和 Q_2 为系统与高低温热源在全过程中的吸热总量和放热总量，均取正值.

（3）**卡诺循环**　由四个准静态过程组成，其中两个是等温过程（高低温热源温度分别为 T_1 和 T_2）、两个是绝热过程. 对卡诺正、负循环来说有 $\eta_{卡} = 1 - \frac{T_2}{T_1}$，$e_{卡} = \frac{T_2}{T_1 - T_2}$，两者都是 T_1 和 T_2 的函数.

6. 热力学第二定律

（1）**开尔文表述**　不可能制造出这样一种循环工作的热机，它只从单一热源吸收热量对外做功，而不放出热量给其他物体，或者说不使外界发生任何变化. 即对一个循环过程来说，热量不可能全部转化为功.

（2）**克劳修斯表述**　热量不可能从低温物体自动传到高温物体而不引起外界的变化. 指出了热传导的不可逆性，即热量只可能自动地从高温物体传向低温物体.

两种表述表面上不相关，但却是完全等效的. 在本质上揭示了自然界一切与热有关的实际过程都是不可逆过程，都存在自然过程的方向性问题，即一切自发过程都是向系统微观状态数（与熵相联系）增大的方向发展（热力学第二定律统计表述）的.

7. 熵　熵增加原理

（1）**熵**　熵是一个态函数. 这个态函数在始末两态之间的增量，等于这两个平衡态之间任意一个可逆过程的热温比 dQ/T 的积分，它是一个与能量同等重要的物理量. 熵的增量与系统经历的过程无关. 熵在本质上是对系统无序性的量度，熵越大表明系统无序度越高.熵和熵变都具有可加性.

（2）**熵增加原理**　孤立系统中的可逆过程，其熵不变；孤立系统中的不可逆过程，其熵要增加.也可以说一个孤立系统中的熵永远不会减少，即

$$\Delta S \geqslant 0$$

熵增加原理告诉我们，自然界一切实际自发过程进行的方向，均朝着熵增加的方向.用熵增加原理可以判断过程发展的方向和限度.

二、思考及解答

13-1　从增加内能方面来说，做功和传递热量是等效的.但又如何理解它们在本质上的差异呢？

答：它们的本质差异是：做功是将其他形式的能转化为热运动的内能.例如，摩擦使机械能转化为内能，通电的电阻使电能转化为内能，燃烧使化学能转化为内能等.传递热量是由于物体间温度的不均匀性将物体 A 的部分热运动能量转移给物体 B，或物体中的一部分热运动能量转移给另一部分，是热运动能量的转移，其形式不变.例如，金属棒一端加热，另一端因热传导而热起来；一壶水下部加热，上部因对流生热；在炼钢炉前感受到的辐射热等.

13-2　一个系统能否吸收热量仅使其内能变化？一个系统能否吸收热量而不使其内能变化？

答：根据热力学第一定律，$\mathrm{d}Q=\mathrm{d}E+\mathrm{d}W$，当 $\mathrm{d}W=0$ 时，内能的变化仅取决于吸、放热；当 $\mathrm{d}Q=\mathrm{d}W$ 时，系统内能不变.因此题设中的两种情况皆可以发生.比如系统为理想气体，在等容膨胀过程中只吸热，系统内能增加；又如理想气体在等温膨胀过程中，系统吸收的热量全部用于膨胀时对外做功，内能不变.

13-3　下面两种说法是否正确：① 温度越高，热量越多；② 温度越高，内能越大.

答：首先，温度是系统的状态量，它是系统分子平均动能的量度.其次，热量是一个过程量，它是内能迁移的量度，它的大小有时取决于温度的变化，比如等容热传递，有时与温度无关，比如等温热传递.最后，内能是状态量，它是分子动能和分子势能的总和，它取决于系统的温度、体积和种类.由此可见，① 说法不正确；② 说法不完备，只有系统为理想气体时，该说法才正确.

13-4　在一巨大的容器内，贮满温度与室温相同的水.容器底部有一小气泡缓缓上升，逐渐变大，这是什么过程？在气泡上升过程中，泡内气体是吸热还是放热？

答：这是等温吸热膨胀过程.这是因为在气泡上升过程中，由于气泡内外压

强的平衡要求,压强逐渐减少,气泡体积逐渐增大.在这过程中,气泡温度始终保持与外界水的温度(由于容器巨大,水温不变)有一个微小差值,从而能吸取周围水中部分热能,这部分热能全部用于气体膨胀对外做功,最终泡内气体温度仍与水温基本相同.故气泡上升是等温吸热膨胀的过程.

13-5　有一块 1 kg、0 ℃的冰,从 40 m 的高空落到一个木制的盒中,如果所有的机械能都能转化为冰的内能,这块冰可否全部熔化?(已知 1 mol 的冰熔化时要吸收 6.0×10^3 J 的热量.)

答:不能.冰下落到盒中,由机械能转化而来的热量 $Q=mgh=1\times9.8\times40\ \mathrm{J}=392\ \mathrm{J}$;1 kg 冰全部熔化所需热量为 $Q'=3.3\times10^5$ J.显然 $Q<Q'$,故冰不能全部熔化.

13-6　有人认为:"在任意的绝热过程中,只要系统与外界之间没有热量传递,系统的温度就不会变化."此说法对吗?为什么?

答:不对.因为热量与温度是两个不同的概念.热量是传热过程中相对应的热能变化的一种量度,是过程量;而温度是状态量.绝热过程中,系统可以通过做功与外界交换能量,而使温度变化.如理想气体在绝热压缩过程中,温度就要升高.

13-7　一个刚性容器被绝热材料所包裹,容器内有一隔板将容器分成两部分,一部分有气体,另一部分为真空.若轻轻将隔板抽开,此容器内气体的内能发生变化吗?

答:不发生变化.此过程中,一方面容器是个绝热系统,它与外界无热量交换;另一方面气体在隔板抽开后,气体最终达到平衡态,此过程中外界没有对气体做功.由热力学第一定律知,系统内气体的内能不变.

13-8　铀原子弹爆炸后约 100 ms 时,"火球"是半径约为 15 m、温度约为 3×10^5 K 的气体.作为粗略估算,把"火球"的扩大过程视为空气的绝热膨胀.试问当"火球"的温度为 10^3 K 时,其半径有多大?

答:由题意知 $r_1=15$ m 时,$T_1=3\times10^5$ K.设 $T_2=10^3$ K 时,"火球"的半径为 r_2.

设膨胀为准静态过程,由绝热方程得

$$T_1V_1^{\gamma-1}=T_2V_2^{\gamma-1}$$

若把气体看作单原子气体,则 $\gamma=\dfrac{5}{3}$,于是有

$$T_1\left(\frac{4}{3}\pi r_1^3\right)^{\frac{5}{3}-1}=T_2\left(\frac{4}{3}\pi r_2^3\right)^{\frac{5}{3}-1}$$

得
$$r_2=\sqrt{\frac{T_1}{T_2}}r_1=259.8\ \mathrm{m}$$

13-9 一定量的理想气体分别经绝热、等温和等压过程后，膨胀了相同的体积，试从 $p-V$ 图上比较这三种过程做功的差异.

答：在体积变化相同的情况下，因为，等温过程的压强变化量为 $\Delta p=-\frac{p_1}{V_1}\Delta V$、绝热过程的压强变化量 $\Delta p=-\gamma\frac{p_1}{V_1}\Delta V$，且 $\gamma>1$，所以等温过程的压强变化量比绝热过程的压强变化量小.则在 $p-V$ 图上，这三个过程如问题 13-9 图所示.由于这三个过程的功皆为其 $p-V$ 曲线下所围面积，从图上可知等压过程最大，等温过程其次，绝热过程最小.

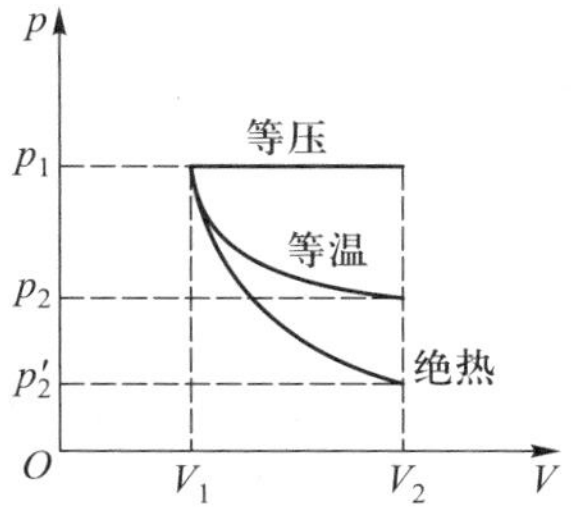

问题 13-9 图

13-10 分别在 $p-V$ 图、$V-T$ 图和 $p-T$ 图上，画出等容、等压、等温和绝热过程的曲线.

答：曲线如问题 13-10 图所示.

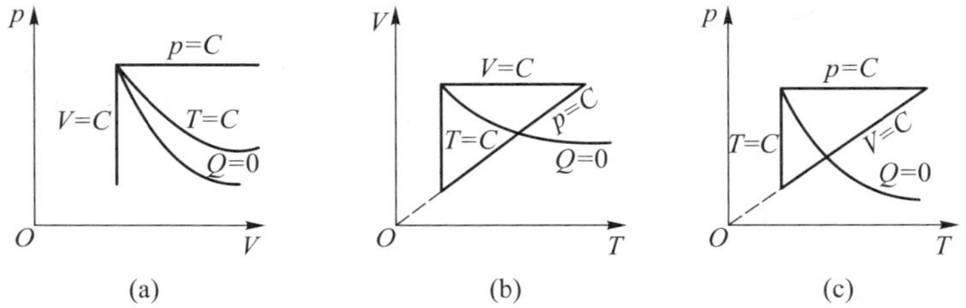

问题 13-10 图

13-11 单原子分子理想气体氦气，在等压下加热，体积膨胀为原来的两倍，给予气体的热量中有百分之几消耗于对外做的功？若为双原子分子理想气体氮气，结果又如何？试比较哪个大？为什么？

答：因为是理想气体，所以等压吸热量为
$$Q_p=\frac{m'}{M}\left(\frac{i+2}{2}\right)\Delta T\cdot R=\frac{i+2}{2}\cdot p\Delta V=\frac{i+2}{2}W$$
则，对单原子分子而言
$$\frac{W}{Q}=\frac{2}{i+2}=\frac{2}{3+2}=0.4$$
对双原子分子而言

$$\frac{W}{Q}=\frac{2}{i+2}=\frac{2}{5+2}=0.286$$

即单原子分子的$\frac{W}{Q}$大于双原子分子,这是因为在等压下,体积膨胀为原来的两倍,做功一样,双原子分子的 C_p 比单原子分子的大,吸热多,故单原子分子气体热量消耗对外做功的百分比大.其微观实质是能量均分定理,因为双原子分子比单原子分子的自由度多,则双原子分子内能分配的比$\frac{\Delta E}{Q}=\frac{C_V}{C_p}=\frac{i}{i+2}=\frac{1}{1+\frac{2}{i}}$将高于单原子分子的比.而 $1=\frac{\Delta E+W}{Q}=\frac{\Delta E}{Q}+\frac{W}{Q}$,所以双原子分子做功分配的比$\frac{W}{Q}$将小于单原子分子的比.

13-12 如问题 13-12 图所示,有三个循环过程,指出每一循环过程所做的功是正的、负的,还是零.说明理由.

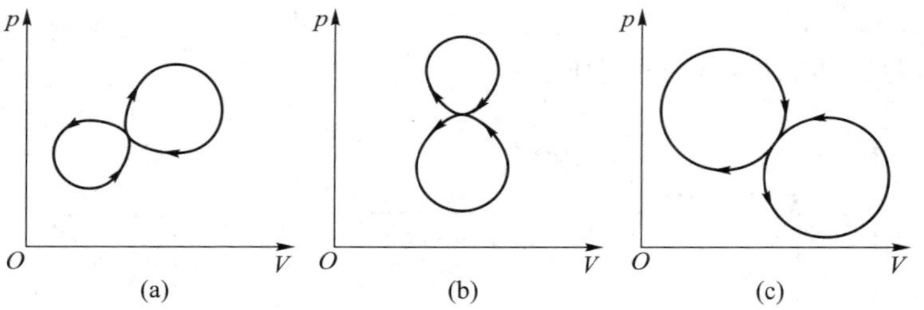

问题 13-12 图

答:问题 13-12 图(a)中,总功为正;问题 13-12 图(b)中,总功为负;问题 13-12 图(c)中,总功为零.

因为在 $p-V$ 图中,循环过程所围面积等于系统做功,正循环的功为正,逆循环的功为负.所以,问题 13-12 图(a)中正循环功大于逆循环功,总功为正.问题 13-12 图(b)中逆循环功大于正循环功,总功为负.问题 13-12 图(c)中正、逆循环做功相等,整个循环做功为零.

13-13 有人说,因为在循环过程中系统对外做的净功的数值上等于 $p-V$ 图中封闭曲线所包围的面积,所以封闭曲线包围的面积越大,循环效率就越高.对吗?

答:不对.因循环效率 η 等于系统对外做的净功 W 与系统从高温热源吸收的热量 Q 之比,即 $\eta=\frac{W}{Q}$,若面积大,即功大,但若 Q 也大,效率有可能不高.

13-14　下述三种说法,孰对孰错,说明其理由:(1) 系统经历一正循环后,系统的状态没有变化;(2) 系统经历一正循环后,系统与外界都没有变化;(3) 系统经历一正循环后,接着再经历一逆循环,系统与外界亦均无变化.

答:(1) 对.因循环过程指系统经过一系列变化过程后,又回到原状态的过程,故系统状态没有变化.

(2) 不对.系统与外界有功和热量的交换.

(3) 不一定对.若系统经历的正、逆循环都是可逆的过程,系统与外界均无变化;若不是可逆过程,则外界有变化.

13-15　可逆过程必须同时满足哪些条件?

答:须同时满足:

(1) 系统状态变化过程是无限缓慢进行的准静态过程;

(2) 过程进行中没有能量耗散.

13-16　墨水在水中的扩散过程是可逆过程还是不可逆过程? 在日常生活中有哪些过程是不可逆过程? 如果一个系统从状态 A 经历一个不可逆过程到达状态 B,那么这个系统是否可以回到状态 A 呢?

答:是不可逆过程.在日常生活中,热传导、扩散现象、功转化为热等与热现象有关的过程都是不可逆过程.比如热传导过程中热量可以自动地从高温物体传到低温物体,但不可能逆过来,热量自动地从低温物体传到高温物体.此外,某些系统可以通过一个不可逆过程达到 B,然后再回到 A 状态.不过当系统回到 A 状态时,外界受到了影响.举例说明之.一封闭水壶中的水,以 90℃ 的水温自动降温至 20℃,向周围空气放出热量,然后被加热回到 90℃.此时,封闭的水壶中的水回到初始状态.这期间水壶中的水不仅吸收热源的热量,且向周围空气放出热量,因此在整个循环中,系统总在向周围空气放热,对外界的影响并没有在一个循环中消失.

13-17　自然界中的过程都遵守能量守恒定律,那么,作为它的逆定理"遵守能量守恒定律的过程都可以在自然界中出现",能否成立?

答:不成立.因为自然界发生的过程,不仅遵守能量守恒定律,还要遵守热力学第二定律,而热力学第二定律指明自然界自发发生的过程所进行的方向.比如,冰与水混合时,总是冰吸热,水降温,而不会出现水升温,冰放热的情况,但后一种情况却并不违反能量守恒定律.

13-18　等温膨胀时,系统吸收的热量全部用来做功,这和热力学第二定律有没有矛盾? 为什么?

答:没有矛盾.热力学第二定律指出,系统不可能使吸收的热量全部转化为功而外界不发生变化,或者一个循环过程中只吸收热量全部转化为有用功,而不向低温热源放热.若外界发生变化,热量可以全部转化为功,如等温膨胀过程(理想气体)就是这样,不过此过程为单一过程,且引起外界体积改变.

13-19 如问题 13-19 图所示,如果图中两绝热线相交,那么可在两绝热线之间取一等温线,从而形成一个循环.试说明这个循环违背热力学第二定律,因此两绝热线不会相交.

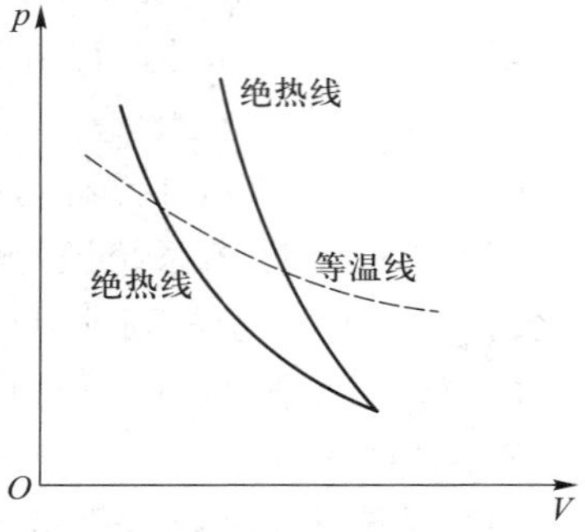

问题 13-19 图

答:若此循环成立,则此循环的结果是只在一个热源中吸热使其变为有用功而其他物体不发生影响,这是违背热力学第二定律的,故两绝热线不会相交.

13-20 试说明如果下述过程是可逆过程将违背热力学第二定律:(1) 一个物体从距地面高为 h 处落下,并静止在地面上;(2) 一辆行驶的汽车在快速制动器的作用下停止下来;(3) 把一个热的物体放在冷水中,最后系统达到温度平衡.

答:因(1)、(2)两种情况都有热量产生,使外界周围环境发生了变化.不可能将它们产生的热量收回,而恢复到初态且外界无任何影响.若(1)、(2)过程可逆,意味着热量可以全部转化为有用功而不产生其他影响,这是违背热力学第二定律的开尔文表述的.若(3)过程可逆,意味着热量可自动地由低温物体传到高温物体,这是违背热力学第二定律的克劳修斯表述的.

13-21 由 $\eta \leqslant \dfrac{T_1 - T_2}{T_1}$ 可知,$T_2 = 0$ 时,可以有 $\eta = 100\%$,为什么不制造这样的机器?

答:首先,在热力学系统中,绝对零度($T = 0$ K)是不可达到的,人们把绝对零度不可达到称为热力学第三定律,故无法制造 $T_2 = 0$ 这样的机器.其次,题设中的不等式 $\eta \leqslant \dfrac{T_1 - T_2}{T_1}$ 来自卡诺定理,其中的 T_2 是低温热源的温度,$T_2 \neq 0$ 的存在表明热机在循环中至少向一个低温热源放热,此低温热源并不意味着是极低温度 $T_2 \to 0$,所以,这就是 $\eta = 100\%$ 的机器不可能被制造出来的缘故.

13-22 从热力学角度来看,熵函数具有什么性质?在两平衡态之间可以经历各种过程(也包括不可逆过程),怎样来计算两平衡态间的熵变呢?举例说明.

答:熵是个状态函数,与过程无关,只由系统的状态决定.可在两平衡态之间取一可逆过程,用式 $\Delta S = \int \dfrac{\mathrm{d}Q}{T}$ 来求熵变.如绝热自由膨胀是不可逆过程,其熵变的计算,可设初、末两态与绝热自由膨胀过程时的初、末两态一致的等温可逆过程,在此过程中计算熵变,即 $\Delta S=\int\frac{\mathrm{d}Q}{T}=\nu R\ln\frac{V_2}{V_1}$.

13-23　一杯热水放在空气中,它不断将热量散发到空气中,使它的温度逐渐降低,从而使熵减少.这是否违反了热力学第二定律呢?

答:这并不违反热力学第二定律.因为热力学第二定律仅对孤立系统的近平衡态的变化适用.而热水杯中的水不断与空气交换热量,这至少说明水杯是封闭系统而非孤立系统,甚至有可能是开放系统.那么水系统与外界发生能量交换,从而使水系统熵减少并未违反热力学第二定律.

三、解题感悟

以问题 13-16 为例进行分析.

一滴墨水在一盆清水中"扩散",形成一盆混浊的墨水,是典型的"熵增加原理"的表现:如果我们并不懂得"扩散原理",只懂得"封闭系统中,熵最大状态,即'混乱'是最终的结果",那么,当墨水刚刚滴入清水盆中,我们就能预知最终结果.这就是"熵增加原理"的魅力所在!

第十四章

相 对 论

一、概念及规律

1. 狭义相对论的基本原理

(1) **相对性原理** 在惯性参考系中物理定律具有相同的表述形式,该原理又称为等效性原理.

(2) **光速不变原理** 真空中的光速是常量,它与光源或观察者的运动无关,即光速不依赖于惯性系的选择.

2. 洛伦兹变换

(1) **坐标变换式** 设两惯性系 S 和 S′,其中 S′系沿 xx'轴以速度 v 相对 S 系运动,初始时刻两个惯性系的原点重合,则某事件在两个惯性系 S 和 S′中的时空坐标变换式为

$$\begin{cases} x' = \dfrac{x - vt}{\sqrt{1-\beta^2}} = \gamma(x - vt) \\ y' = y \\ z' = z \\ t' = \dfrac{t - \dfrac{vx}{c^2}}{\sqrt{1-\beta^2}} = \gamma\left(t - \dfrac{vx}{c^2}\right) \end{cases} \quad 或 \quad \begin{cases} x = \dfrac{x' + vt'}{\sqrt{1-\beta^2}} \\ y = y' \\ z = z' \\ t = \dfrac{t' + \dfrac{vx'}{c^2}}{\sqrt{1-\beta^2}} = \gamma\left(t' + \dfrac{vx'}{c^2}\right) \end{cases}$$

（2）**速度变换式**

$$\begin{cases} u'_x = \dfrac{u_x - v}{1 - \dfrac{v}{c^2}u_x} \\ u'_y = \dfrac{u_y}{\gamma\left(1 - \dfrac{v}{c^2}u_x\right)} \\ u'_z = \dfrac{u_z}{\gamma\left(1 - \dfrac{v}{c^2}u_x\right)} \end{cases} \quad 或 \quad \begin{cases} u_x = \dfrac{u'_x + v}{1 + \dfrac{v}{c^2}u'_x} \\ u_y = \dfrac{u'_y}{\gamma\left(1 + \dfrac{v}{c^2}u'_x\right)} \\ u_z = \dfrac{u'_z}{\gamma\left(1 + \dfrac{v}{c^2}u'_x\right)} \end{cases}$$

3. 狭义相对论时空观

（1）**同时的相对性** 在一个惯性系中的不同地点同时发生的两个事件，在另一个惯性系中不再同时发生，它与惯性系的选择有关.

（2）**长度收缩** 设有一沿 xx'轴放置的细棒，相对 S′系静止，在 S′系中测得的长度为 $l'=l_0$（固有长度），则在 S 系中测得棒的长度为

$$l = l_0\sqrt{1-\beta^2}$$

可知 $l<l_0$，即运动的棒缩短了.同理，静止于 S 系中的细棒，在 S′系中也同样缩短.

（3）**时间延缓** 在 S′系中同一地点先后发生的两个事件之间的时间间隔为 $\Delta t'=\tau$（固有时），则在 S 系中测得此两事件的时间间隔 Δt 为

$$\Delta t = \frac{\tau}{\sqrt{1-\beta^2}}$$

可知 $\Delta t>\tau$，即运动的时间变长，也可以说运动的时钟变慢了.同理，在 S′系中观测 S 系中同一地点先后发生的两事件的时间间隔也会变长.

4. 相对论动力学

（1）**质量-速度关系**

$$m = \frac{m_0}{\sqrt{1-\left(\dfrac{v}{c}\right)^2}}$$

式中，m 为相对论性质量，m_0 为静质量，v 为质点相对于某惯性系运动的速度.

（2）**动量-速度关系**

$$p = \frac{m_0 v}{\sqrt{1-\left(\dfrac{v}{c}\right)^2}}$$

(3) **力学方程式**

$$F=\frac{\mathrm{d}}{\mathrm{d}t}\left[\frac{m_0 v}{\sqrt{1-\left(\frac{v}{c}\right)^2}}\right]$$

5. 相对论能量

(1) **动能表达式**

$$E_k=E-E_0=mc^2-m_0c^2$$

(2) **质能关系式**

$$E=mc^2$$

(3) **动量-能量关系式**

$$E^2=E_0^2+p^2c^2$$

二、思考及解答

14-1 你认为可以把物体加速到光速吗?有人说光速是运动物体的极限速率,你能得出这一结论吗?

答:根据

$$\boldsymbol{p}=m\boldsymbol{v} \tag{1}$$

$$m=\frac{m_0}{\sqrt{1-(v/c)^2}} \tag{2}$$

对一个静止质量 $m_0\neq 0$ 的物体,当 $v\rightarrow c$ 时,质量 m 迅速趋向于无穷大,在恒定力的作用下,加速度 $\boldsymbol{a}$ 必将趋于零.即物体速度越接近于光速,它的质量就越大,因而就越难加速,当物体速度 $v\rightarrow c$ 时,质量和动量一起趋于无穷大,速度就不会再增大,所以真空中的光速是运动物体的极限速率.如果 $v>c$,由质速公式(2)将给出虚质量,这在物理理论中是没有意义的,也是不可能的.

14-2 假设光子在某惯性系中的速度等于 c,那么,是否存在这样一个惯性系,光子在这个惯性系中的速度不等于 c?

答:"光速不变"是狭义相对论基本公设,其内容是:真空中的光速是常量,它与光源或观察者的运动无关,更不依赖于惯性系的选择,因此不存在这样一个惯性系,光子在这个惯性系中的速度不等于 c.另外,由洛伦兹速度变换式也能从一个惯性系中的速度 c 推导出在另一个惯性系中仍为速度 c 的结论.不过,"变换式"本身正是狭义相对论的公设的必然结果,因此这种推导并无新意.

14-3 你能用狭义相对论的洛伦兹速度变换式来说明迈克耳孙-莫雷实验吗?

答：根据洛伦兹速度变换式

$$\begin{cases} u'_x = \dfrac{u_x - v}{1 - \dfrac{v}{c^2}u_x} \\ u'_y = \dfrac{u_y\sqrt{1-\beta^2}}{1 - \dfrac{v}{c^2}u_x} \\ u'_z = \dfrac{u_z\sqrt{1-\beta^2}}{1 - \dfrac{v}{c^2}u_x} \end{cases}$$

参照主教材《物理学》(第七版)下册的图 14-2,在 $G\rightarrow M_1$ 过程中,光在 S 系中的三个分速度分别为 $u_x=c, u_y=u_z=0$,则光在 S′系中 $u'_x=\dfrac{c-v}{1-\dfrac{u}{c^2}c}$, $u'_y=u'_z=0$.同理可得光从 $M_1\rightarrow G$ 的速度 $u'_{-x}=-c$.所以光从 $G\rightarrow M_1$ 再从 $M_1\rightarrow G$ 的时间 $t_1=\dfrac{2l}{c}$.在 $G\rightarrow M_2$ 过程中,光在 S 系中的三个分速度分别为 $u_x=v, u_y=\sqrt{c^2-v^2}, u_z=0$(因为 $u_x^2+u_y^2+u_z^2=c^2$),则光在 S′系中 $u'_x=0, u'_y=\dfrac{\sqrt{c^2-v^2}\sqrt{1-\beta^2}}{1-\dfrac{v}{c^2}v}=c, u'_z=0$,同理可得光从 $M_2\rightarrow G$ 的速度 $u'_{-y}=-c$.所以光从 $G\rightarrow M_2$ 再从 $M_2\rightarrow G$ 的时间 $t_2=\dfrac{2l}{c}$.因此 $\Delta t=t_1-t_2=0, \Delta=c\Delta t=0$.当整个仪器旋转 90°后,前后两次光程差 $2\Delta=0$,即干涉条纹移动条数 $\Delta N=0$,无条纹移动.

14-4　你能说明经典力学的相对性原理与狭义相对论相对性原理之间的异同吗?

答:相同之处在于,这两个相对性原理的内容皆为“物理规律”不随惯性系的选择而变化.不过,前者只对力学规律成立,而后者对包含电磁场在内的所有的物理规律都成立.不同之处是显著的,且后者包含了前者的内容,狭义相对性原理是以“光速不变”和“物理规律不变”为两条基本公设,其对应的时空变换特征如下:

(1) x'、t'与 x、t 是线性关系,但比例系数 $\gamma\neq1$.

(2) 时空不独立,t 和 x 变换皆与时间、空间有关,且时空状态与参考系运动速度有关.

(3) $v \ll c$ 时,洛伦兹变换与伽利略变换一致.

(4) 当 $v>c$ 时,变换式中出现虚数,由此得到一个结论:真空中的光速是一切物体运动速率的极限.

经典相对性原理对应的时空变换特征是:时、空变换独立,时、空状态与参考系的运动无关.

14-5　在洛伦兹变换式中,什么量是不变量,加速度是不变量吗?试解释之.

答:因为

$$\begin{cases} u_x = \dfrac{u'_x + v}{1 + \dfrac{v}{c^2}u'_x} \\ u_y = \dfrac{u'_y\sqrt{1-\beta^2}}{1 + \dfrac{v}{c^2}u'_x} \\ u_z = \dfrac{u'_z\sqrt{1-\beta^2}}{1 + \dfrac{v}{c^2}u'_x} \end{cases}$$

$$\begin{cases} a_x = \dfrac{\mathrm{d}u_x}{\mathrm{d}t} = \dfrac{a'_x}{\left[\gamma\left(1 + \dfrac{v}{c^2}u'_x\right)\right]^3} \\ a_y = \dfrac{\mathrm{d}u_y}{\mathrm{d}t} = \dfrac{a'_y}{\left[\gamma\left(1 + \dfrac{v}{c^2}u'_x\right)\right]^2} - \dfrac{\gamma v u'_y a'_x}{c^2\left[\gamma\left(1 + \dfrac{vu'_x}{c^2}\right)\right]^3} \\ a_z = \dfrac{\mathrm{d}u_z}{\mathrm{d}t} = \dfrac{a'_z}{\left[\gamma\left(1 + \dfrac{v}{c^2}u'_x\right)\right]^2} - \dfrac{\gamma v u'_z a'_x}{c^2\left[\gamma\left(1 + \dfrac{vu'_x}{c^2}\right)\right]^3} \end{cases}$$

由速度变换关系知:若 $u'=\sqrt{u_x'^2+u_y'^2+u_z'^2}=c$,则一定有 $u=\sqrt{u_x^2+u_y^2+u_z^2}=c$,而由加速度变换关系知:$a'=\sqrt{a_x'^2+a_y'^2+a_z'^2}\neq\sqrt{a_x^2+a_y^2+a_z^2}$,所以,光速在任何惯性系中均为不变常量.由于$\boldsymbol{a}'\neq\boldsymbol{a}$,因此加速度在不同惯性系中是不一样的.

14-6　在宇宙飞船上,有人拿着一个立方形物体.若飞船以接近光速的速度背离地球飞行,则分别从地球上和飞船上观察此物体,他们观察到的物体的形状是一样的吗?

答：从飞船上观察：此立方形物体相对于宇宙飞船静止，测得的长度为物体的固有长度，即仍然是一个立方形物体．但从地球上观察此物体：由于沿运动方向上长度收缩，$l=l'\sqrt{1-\beta^2}$，而与运动方向垂直的方向上长度不变，故是一个长方形物体．（注：这里所指观察应理解为测量，并非是视觉效应，且运动是沿一条边长方向进行．）

14-7　两个观察者分别处于惯性系 S 和惯性系 S′内．在这两个惯性系中各有一根分别与 S 系和 S′系相对静止的米尺，而且两米尺均沿 xx'轴放置．这两个观察者从测量中发现，在另一个惯性系中的米尺总比自己惯性系中的米尺要短些，你怎样看待这个问题呢？

答：这是一个时空观念的问题．如果我是一个牛顿时空观的积极拥护者，我会感到荒唐，因为时、空是不依赖参考系的选择而变化的．但如果我是一个爱因斯坦相对论时空观的拥护者，或者说是理解者，那么，我感到这是正常的现象，因为发生在相对运动方向上的长度收缩是一种相对效应．设两米尺的固有长度为 l_0，也即为观察者测得自己惯性系中的米尺长度，观察者测得另一相对运动的惯性系中米尺长度为 $l=l_0\sqrt{1-\beta^2}<l_0$，即在另一个惯性系中的米尺总比自己惯性系中的米尺要短些．

14-8　有两个事件 A 和 B，S 系中的观察者测得这两个事件发生于同一时刻不同地点．那么从 S′系中的观察者来看，这两个事件是否仍发生于同一时刻不同地点呢？它与 S′系相对 S 系沿 xx'轴的速度 v 有什么关系呢？

答：设 A、B 两事件在 S 系与 S′系中的时空坐标分别为 t_A, x_A, t_B, x_B 和 t'_A，x'_A, t'_B, x'_B，根据洛伦兹变换有

$$x'_A=\frac{x_A-vt_A}{\sqrt{1-\left(\frac{v}{c}\right)^2}},\quad x'_B=\frac{x_B-vt_B}{\sqrt{1-\left(\frac{v}{c}\right)^2}},\quad \Delta x'=x'_B-x'_A=\frac{\Delta x-v\Delta t}{\sqrt{1-\left(\frac{v}{c}\right)^2}} \tag{1}$$

$$t'_A=-\frac{t_A-\frac{v}{c^2}x_A}{\sqrt{1-\left(\frac{v}{c}\right)^2}},\quad t'_B=-\frac{t_B-\frac{v}{c^2}x_B}{\sqrt{1-\left(\frac{v}{c}\right)^2}},\quad \Delta t'=t'_B-t'_A=\frac{\Delta t-\frac{v}{c^2}\Delta x}{\sqrt{1-\left(\frac{v}{c}\right)^2}} \tag{2}$$

由此可见：因为 $t_A=t_B$，$x_A\neq x_B$，所以有 $x'_A\neq x'_B$，$t'_A\neq t'_B$，即 S 系同时不同地的两事件，在 S′系中既不同时也不同地．它与 S′系相对 S 系沿 xx'轴的速度 v 的关系：

$$t'_B-t'_A=-\frac{\frac{v}{c^2}(x_B-x_A)}{\sqrt{1-\left(\frac{v}{c}\right)^2}},\quad x'_B-x'_A=\frac{x_B-x_A}{\sqrt{1-\left(\frac{v}{c}\right)^2}}$$

14-9　在惯性系 S′中,在 $t'=0$ 的时刻,一细棒两端点的坐标分别为 x'_1 和 x'_2,则棒长为 $x'_2-x'_1$.现要求此棒在实验室坐标系 S 中的长度,如果利用变换式 $x=(x'+vt')/\sqrt{1-\beta^2}$,则得 $x_2-x_1=(x'_2-x'_1)/\sqrt{1-\beta^2}$,于是运动着的棒变长了.这与狭义相对论中长度收缩的结论是相左的,问题出在哪里? 试解释之.

答:在相对于棒运动的坐标系中测棒长的关键是同时($\Delta t=0$)测棒的两个端点坐标,其差值才是棒长.而在相对于棒静止的坐标系中无此要求.即无论 $\Delta t'$为何值,$\Delta x'$总是棒长.该题设中由 $\Delta t'=0$,得到的 $x_2-x_1=(x'_2-x'_1)/\sqrt{1-\beta^2}$,并非是相对于棒运动的坐标系中的棒长.原因是,当 $\Delta t'=0$ 时,在 $\Delta x'\neq 0$ 时,Δt 绝不会为零(同时性的相对性结论).正确的做法是,由变换式

$$\Delta x=x_2-x_1=\frac{(x'_2-x'_1)+v\Delta t'}{\sqrt{1-\beta^2}}\quad(\Delta t'\neq 0)$$

再由变换式

$$\Delta t'=\frac{\Delta t-\frac{v}{c^2}\Delta x}{\sqrt{1-\beta^2}}=\frac{-\frac{v}{c^2}\Delta x}{\sqrt{1-\beta^2}}\quad(令\ \Delta t=0)$$

代入上式整理后 $\Delta x=x_2-x_1=\sqrt{1-\beta^2}(x'_2-x'_1)<x'_2-x'_1$,与相对论结论一致.

14-10　一架民航客机以 200 $\mathrm{m\cdot s^{-1}}$的平均速度相对地面飞行.机上的乘客下机后,是否需要因时间延缓而对手表进行校正?

答:不考虑民航客机起飞和降落过程的加速与减速作用.机上的乘客在同一地点($x'_2=x'_1$)测得整个飞行过程所用的时间为 $\Delta t'$,则地面上观察者测得整个飞行过程所用的时间为

$$\Delta t=\frac{\Delta t'+\frac{v}{c^2}\Delta x'}{\sqrt{1-\beta^2}}=\frac{\Delta t'}{\sqrt{1-\beta^2}}>\Delta t'$$

即地面上观察者测得客机的钟走得慢.

同理,机上的乘客测得地面上的钟走得慢,即时间延缓是一种相对效应.因此,若纯粹以惯性参考系考虑狭义相对论问题,那么,该问题无解;若要考虑飞机的加、减速及停机等情况,就要牵涉四维时空的跃变或广义相对论的问题了,时间的延缓就有绝对的效应了,其计算又是复杂的.好在此问题发生在民航客机上,由于飞行速度远低于 $10^8\ \mathrm{m\cdot s^{-1}}$,则无论是考虑纯狭义相对效应,还是外加广义相对论效应,得出的偏差都是极其微小的,因此可以说无须讨论"对表"问题.

14-11　在惯性系 S 中某一地点先后发生两个事件 A 和 B,其中事件 A 超前于事件 B.试问:(1) 在惯性系 S′中,事件 A 和事件 B 仍发生在同一地点吗?

(2) 在惯性系 S′中,事件 A 总是超前于事件 B 吗?

答:设 A、B 两事件在 S 系与 S′系中的时空坐标分别为 t_A, x_A, t_B, x_B 和 t'_A, x'_A, t'_B, x'_B,根据洛伦兹变换有

$$x'_A = \frac{x_A - vt_A}{\sqrt{1-\left(\frac{v}{c}\right)^2}}, \quad x'_B = \frac{x_B - vt_B}{\sqrt{1-\left(\frac{v}{c}\right)^2}} \tag{1}$$

$$t'_A = -\frac{t_A - \frac{v}{c^2}x_A}{\sqrt{1-\left(\frac{v}{c}\right)^2}}, \quad t'_B = -\frac{t_B - \frac{v}{c^2}x_B}{\sqrt{1-\left(\frac{v}{c}\right)^2}} \tag{2}$$

由此可见:因为 $x_A = x_B, t_A < t_B$,由(1)式、(2)式有 $x'_A > x'_B$,且 $t'_A < t'_B$,即 S 系中同地不同时的两事件,在 S′系中既不同地也不同时,但在 S′系中并不改变两事件的先后次序,即 A 事件总是超前 B 事件.

14-12　在太阳参考系中,两个相同的时钟分别放在地球和火星上.如果略去星体的自转,只考虑其轨道效应,那么地球上的钟和火星上的钟哪个走得较慢?

答:只考虑狭义相对论效应.设地球、火星相对于太阳参考系的运动速度分别为 v_E 和 v_M.在太阳参考系 S′中一只静止的钟,在同一地点记录两事件的时间间隔(固有时间)为 $\Delta t'$.由狭义相对论的时间延缓效应可得在太阳参考系中测得地球上的钟的时间走慢了:

$$\Delta t_1 = \frac{\Delta t'}{\sqrt{1-(v_E/c)^2}} > \Delta t'$$

在太阳参考系中测得火星上的钟的时间也走慢了:

$$\Delta t_2 = \frac{\Delta t'}{\sqrt{1-(v_M/c)^2}} > \Delta t'$$

但 $v_E > v_M$,所以 $\Delta t_1 > \Delta t_2$,所以在太阳参考系中观察到的地球上的钟比火星上的钟走得慢.

实际上,除狭义相对论效应外,太阳引力场中的广义相对论效应也会使时钟发生快慢变化,且其快、慢效应与狭义相对论效应相反,因此略显复杂,在此不做讨论.

14-13　在麦克斯韦的经典电磁理论中,电磁波的波长和频率有下述关系 $\lambda\nu = c$.从狭义相对论来看,这个关系是否仍成立?

答:由狭义相对论的动量和能量关系式:$E^2 = E_0^2 + p^2c^2, E_0 = m_0c^2$,对于光子有

$m_0=0$,则得 $E=pc$,而 $E=h\nu$,得 $p=E/c=h\nu/c=h/\lambda$,所以 $\lambda\nu=c$ 仍成立.

14-14　若一粒子的速率由 $1.0\times10^8\ \mathrm{m\cdot s^{-1}}$ 增加到 $2.0\times10^8\ \mathrm{m\cdot s^{-1}}$,则该粒子的动量是否增加为 2 倍呢?其动能是否增加为 4 倍呢?

答:关键要注意在 $\sqrt{1-v^2/c^2}$ 中,v 是粒子速度,并不是变换式中的恒定参考系速度.因

$$p=mv=\frac{m_0v}{\sqrt{1-v^2/c^2}}$$

$$E_k=mc^2-m_0c^2=\frac{m_0c^2}{\sqrt{1-v^2/c^2}}-m_0c^2$$

$$=\left(\frac{1}{\sqrt{1-v^2/c^2}}-1\right)m_0c^2$$

则,一粒子的速率增加为 2 倍,即 $v_2=2v_1$,有

$$p_2=\frac{m_0v_2}{\sqrt{1-v_2^2/c^2}}=\frac{2m_0v_1}{\sqrt{1-(2v_1)^2/c^2}}$$

$$\neq\frac{2m_0v_1}{\sqrt{1-v_1^2/c^2}}(=2p_1)$$

即,该粒子的动量并非增加为 2 倍;又

$$E_{k2}=\left(\frac{1}{\sqrt{1-v_2^2/c^2}}-1\right)m_0c^2$$

$$=\left(\frac{1}{\sqrt{1-4v_1^2/c^2}}-1\right)m_0c^2$$

$$\neq4\left(\frac{1}{\sqrt{1-v_1^2/c^2}}-1\right)m_0c^2(=4E_{k1})$$

即,动能也并非增加为 4 倍.

14-15　在什么条件下,$E=cp$ 的关系才成立?

答:由狭义相对论的动量和能量关系式:$E^2=E_0^2+p^2c^2$,$E_0=m_0c^2$,及 $p=\dfrac{m_0v}{\sqrt{1-v^2/c^2}}$,有

$$E=cp\sqrt{1+\frac{E_0^2}{p^2c^2}}=cp\sqrt{1+\frac{(m_0c^2)^2}{\dfrac{(m_0v)^2c^2}{1-v^2/c^2}}}=cp\frac{c}{v}$$

所以当 $v \to c$ 时，$E=cp$.但若 $m_0 \neq 0$，当 $v \to c$ 时，$m=\dfrac{m_0}{\sqrt{1-v^2/c^2}} \to \infty$，那么 v 又达不到 c（见问题 14-1），因此，只有 $m_0=0$ 时，才能有 $v \to c$.所以，静止质量为零时，$E=cp$.例如对于光子有 $m_0=0$，$v=c$，$E=cp$.

14-16　在狭义相对论中，有没有以光速运动的粒子？这种粒子的动量和能量的关系如何？

答：由问题 14-15 可知，当 $v \to c$ 时，$E \to cp$.当粒子的质量为零时，该粒子的速度才能达到光速，$E=pc$.例如对于光子有 $m_0=0$，$v=c$，得 $E=pc$.中微子也是一个可能以光速运动的粒子.（注：现在已有实验发现中微子质量不为零.）

14-17　在狭义相对论中，能不能认为粒子的动能就等于 $\dfrac{1}{2}mv^2$？

答：狭义相对论中粒子的动能为

$$E_k = mc^2 - m_0c^2 = \frac{m_0c^2}{\sqrt{1-v^2/c^2}} - m_0c^2$$

$$= \left(\frac{1}{\sqrt{1-v^2/c^2}} - 1\right) m_0c^2$$

当 $v \ll c$ 时，

$$\left(1-\frac{v^2}{c^2}\right)^{-\frac{1}{2}} \approx 1 + \frac{1}{2}\frac{v^2}{c^2}$$

所以

$$E_k = m_0c^2\left(1+\frac{1}{2}\frac{v^2}{c^2}\right) - m_0c^2 = \frac{1}{2}m_0v^2$$

可见，在狭义相对论中一般不能将动能写作 $\dfrac{1}{2}mv^2$，只是在 $v \ll c$ 的情况下才有此形式，而且其中的质量应理解为静止质量.

14-18　如果一粒子的质量为其静质量的 1 000 倍，那么该粒子必须以多大的速率运动（以光速表示）？

答：$m=1\ 000\ m_0=\dfrac{m_0}{\sqrt{1-v^2/c^2}}$，得 $\beta=v/c=0.999\ 999\ 5$，$v=0.999\ 999\ 5c$.

14-19　一质子同步加速器将质子加速到动能为 30 GeV，试求此时质子的质量和质子的速率.

答：由相对论质能公式 $E_k=mc^2-m_0c^2$ 得

$$m=\frac{E_k}{c^2}+m_0$$

式中,质子的静止质量 $m_0=938.3\ \mathrm{MeV}/c^2$,将题设数据代入可计算得到

$$m=30.94\times10^3\ \mathrm{MeV}/c^2=5.5\times10^{-26}\ \mathrm{kg}\approx33m_0$$

另由 $m=\dfrac{m_0}{\sqrt{1-v^2/c^2}}$可得,$\dfrac{1}{\sqrt{1-v^2/c^2}}=33$,计算得

$$v=\sqrt{1-\frac{1}{33^2}}\,c=0.999\ 5c$$

质子的速度已非常接近光速.

14-20　已知电子同步回旋加速器将电子的动能加速到 0.25 MeV,则电子的速率是多大呢?

答:由于电子的静止质量为 $m_0=0.511\ \mathrm{MeV}/c^2$,与上题同样的计算过程可得

$$m=0.761\ \mathrm{MeV}/c^2=1.35\times10^{-30}\ \mathrm{kg}\approx1.5m_0$$

即$\dfrac{1}{\sqrt{1-v^2/c^2}}=1.5$,所以 $v=0.745c$.

14-21　如果一粒子的动量是它非相对论性动量的三倍,那么此时粒子的速率有多大?

答:由相对论动量定义和题意有

$$p=\frac{m_0}{\sqrt{1-\frac{v^2}{c^2}}}v=3m_0v$$

则

$$v=\sqrt{1-\frac{1}{3^2}}\,c=0.943c$$

***14-22**　什么是引力波? LIGO 测量引力波引起的空间长度变化的基本原理是什么?

答:引力场变化引起的波动就叫引力波,引力波是在弯曲时空中传播的,引力波经过的地方时空会发生"应变".怎么才能引起引力场的变动呢? 现在的观察测量表明,质量密度大的星体发生扰动时会引起引力波动,比如两个中子星或黑洞绕质心高速旋转,或碰撞、合并等,即会发出引力波.

LIGO 是激光干涉引力波天文台之意,该装置是由美国加州理工学院和麻省理工学院负责运营的.该装置的工作原理与迈克耳孙干涉仪一致,即应用激光光束测量两条相互垂直的干涉臂在引力波来临之际发生的长度应变.该应变会引

起激光束光程差变化，从而使干涉条纹发生变化，由此可推断出引力波的存在．当然，由于引力波非常微弱，要实现最终测量还有许多技术细节要考虑和处理．

三、解题感悟

以问题 14-7 为例进行分析．

这是狭义相对论中最典型的问题．相同的钟、相同的尺和相同的时间间隔在狭义相对论中都不是绝对的．你（S 系）看（观察）我（S′）慢，我看你也慢；你看我短，我看你也短．这就是狭义相对论！

第十五章

量 子 物 理

一、概念及规律

1. 黑体　黑体辐射

(1) **黑体**　能完全吸收外来电磁波的物体.它是一种理想模型,在一个任意材料做成的空腔壁上开一个小孔,小孔口表面可近似地看作黑体.

(2) **黑体辐射**　当空腔处于某一温度时,从小孔发出的电磁辐射可看作黑体辐射.与黑体辐射有关的两个物理量是:

1) **单色辐出度 $M_\lambda(T)$**　从热力学温度为 T 的黑体的单位面积、单位时间内,在波长 λ(频率 ν)附近的单位波长(频率)范围内辐射的电磁波能量.

2) **辐出度 $M(T)$**　各种波长(频率)的单色辐出度的总和,即 $M(T)=\int_0^\infty M_\lambda(T)\,\mathrm{d}\lambda$,或 $M(T)=\int M_\nu(T)\,\mathrm{d}\nu$,它只与热力学温度 T 有关.

2. 斯特藩-玻耳兹曼定律

黑体的辐出度与黑体的热力学温度的四次方成正比,即

$$M(T)=\int_0^\infty M_\lambda(T)\,\mathrm{d}\lambda=\sigma T^4$$

式中,σ 称为斯特藩-玻耳兹曼常量,其值为 $\sigma=5.670\times10^{-8}\ \mathrm{W\cdot m^{-2}\cdot K^{-4}}$.

3. 普朗克黑体辐射公式

普朗克提出,辐射能以不连续的、一份一份的形式辐射出去,对频率为 ν 的谐振子,其能量为 $\varepsilon=nh\nu$,$n=0,1,2,3,\cdots$.由此得到

$$M_\lambda(T)\,\mathrm{d}\nu=\frac{2\pi h\nu^3}{c^2}\frac{\mathrm{d}\nu}{\mathrm{e}^{h\nu/kT}-1}$$

这个公式称为普朗克黑体辐射公式,式中,k 为玻耳兹曼常量,h 为普朗克常量,$h=6.63\times10^{-34}\ \mathrm{J\cdot s}$.

4. 爱因斯坦光量子假设

(1) **光电效应**　在光照射下,电子从金属表面逸出的现象称为光电效应,释

放出的电子称为光电子.

（2）**光量子假设**　爱因斯坦认为，只有把频率为 ν 的光束看作以光速运动的粒子流，每一粒子称为光子，每一光子的能量为 $h\nu$，才能有效地解释光电效应，并得到正确的光电效应方程

$$h\nu=\frac{1}{2}mv^2+W$$

式中，W 为金属的逸出功，由此可得红限频率 $\nu_0=\frac{W}{h}$.

5. 光的波粒二象性

光既有粒子性，又有波动性，表现为

$$能量\quad E=h\nu$$

$$动量\quad p=\frac{h}{\lambda}$$

6. 康普顿效应

光被物质散射时，散射光中有与入射波波长相同的射线，也有比入射波波长更长的射线，这种现象称为康普顿效应，其散射公式为

$$\Delta\lambda=\lambda-\lambda_0=\frac{2h}{m_0c}\sin^2\frac{\theta}{2}$$

式中，λ_0 为入射光的波长，λ 为散射光的波长，θ 为散射角.

7. 氢原子的玻尔理论

考虑到卢瑟福的原子有核模型的理论缺陷，玻尔提出了三条假设：

（1）**定态假设**　电子在原子中，可以在一些特定的圆轨道上运动而不辐射电磁波，这时原子处于稳定状态（定态），并具有一定的能量.

（2）**量子化假设**　电子的稳定轨道必须满足角动量 L 等于 $\frac{h}{2\pi}$ 的整数倍的条件，即

$$L=n\frac{h}{2\pi}$$

式中，$n=1,2,3,\cdots$ 称为主量子数.

（3）**辐射假设**　电子从高能量（E_i）的轨道跃到低能量（E_f）的轨道上时，要发射频率为 ν 的光子，即

$$h\nu=E_i-E_f$$

上式称为频率条件.

8. 德布罗意波　不确定关系

（1）**德布罗意波**　法国物理学家德布罗意将实物粒子与光作了对比后认

为，一个质量为 m，以速度 v 作匀速运动的实物粒子，既具有以能量 E 和动量 p 所描述的粒子性，也具有以频率 ν 和波长 λ 所描述的波动性.它的能量、动量与频率、波长之间的关系为

$$E = h\nu, \quad p = \frac{h}{\lambda}$$

这种波称为德布罗意波或物质波.

(2) **不确定关系**　海森伯提出，粒子(如电子)在某方向(如 x 方向)受到限制，受限范围为 Δx，相对应的动量(如 p_x)也将受到限制，受限范围为 Δp_x，则两者满足

$$\Delta x \Delta p_x \geqslant h$$

的关系.这个关系称为不确定关系.

9. 波函数及统计解释

(1) **波函数**　量子力学中用来描述微观粒子运动状态的函数，通常是坐标 $\boldsymbol{r}$ 和时间 t 的函数，即 $\boldsymbol{\Psi}=\boldsymbol{\Psi}(\boldsymbol{r},t)$，它通常以复数的形式表达.微观粒子的各种力学量都可以用波函数表示.

(2) **统计解释**　波函数模的二次方 $|\boldsymbol{\Psi}|^2$ 表示在时刻 t，粒子在空间 $\boldsymbol{r}$ 处附近的单位体积内出现的概率.某一时刻出现在某点附近体积元 $\mathrm{d}V$ 中的粒子概率为 $|\boldsymbol{\Psi}|^2\mathrm{d}V=\boldsymbol{\Psi}\boldsymbol{\Psi}^*\mathrm{d}V$.

归一化条件为

$$\int |\boldsymbol{\Psi}|^2 \mathrm{d}V = 1$$

即任意时刻粒子在整个空间出现的概率为 1.

10. 薛定谔方程

波函数满足的方程叫薛定谔方程，它是微观粒子运动所遵循的基本方程，其地位与牛顿运动方程在经典力学中的地位相当.

一维势场中定态薛定谔方程为

$$\frac{\mathrm{d}^2\psi(x)}{\mathrm{d}x^2} + \frac{8\pi^2 m}{h^2}(E - E_\mathrm{p})\psi(x) = 0$$

三维势场中定态薛定谔方程为

$$\nabla^2\psi(x) + \frac{8\pi^2 m}{h^2}(E - E_\mathrm{p})\psi(x) = 0$$

式中，$\nabla^2 = \frac{\partial^2}{\partial x^2} + \frac{\partial^2}{\partial y^2} + \frac{\partial^2}{\partial z^2}$.

定态特征：能量 E 和概率密度 $\psi\psi^*$ 都不随时间变化.

11. 一维无限深势阱

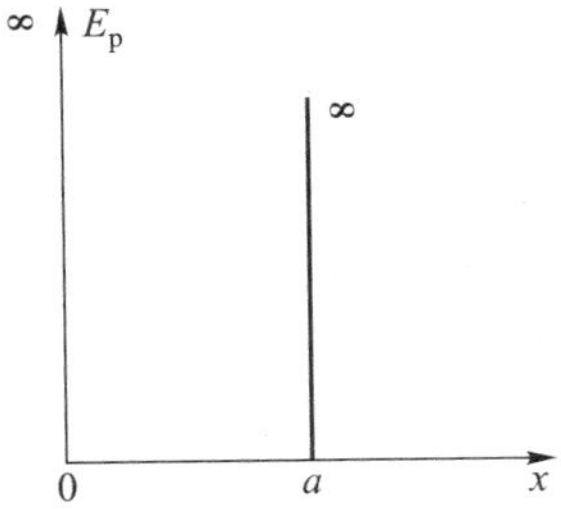

图 15-1

粒子处在势能 E_p 的力场中，并沿 x 轴作一维运动（图 15-1），势能 E_p 满足以下边界条件：

$$当\ 0<x<a\ 时，\quad E_p=0$$

$$当\ x\leqslant 0, x\geqslant a\ 时，\quad E_p\to\infty$$

12. 激光 半导体 超导

（1）**激光** 受激辐射得到放大的相干光.激光的产生必须有能实现粒子数反转分布的工作物质、激励源和光学谐振腔.

（2）**半导体** 电阻率在 $10^{-4}\sim10^{8}\ \Omega\cdot m$ 范围内，温度系数为负的固体.半导体的导电性介于导体和绝缘体之间，其禁带宽度小于绝缘体.

（3）**超导** 电阻为零，并且具有完全抗磁性的状态称为超导态.电阻发生突变时的温度称为超导转变温度.超导的主要特征是零电阻特性和完全抗磁性（迈斯纳效应）.

二、思考及解答

15-1 什么是黑体？黑体是单指黑色的物体吗？为什么从远处看，山洞口总是黑的？

答：能够吸收一切外来电磁辐射的物体，称为黑体.黑体不是黑色的物体，因为即使是最黑的煤也有 4%左右的反射存在.一方面，当光射入山洞口后，要被洞内壁多次反射，每反射一次都要损失部分电磁能量，只有很少光能从山洞口逃逸出来，这样我们就看不见来自外部的反射光；另一方面，来自山洞口内部的辐射（看作黑体辐射）光要想在可见光区域内得到足够的强度，山洞内部温度要达到约 6 000 K.这样高的温度山洞内部是不会有的.故从远处看山洞口总是黑的.

15-2 你能用维恩位移定律估算出，人体的电磁辐射中单色辐出度最大的波长是多少吗？

答：人体的正常体温是 37 ℃，即 310 K，则根据维恩位移定律有

$$\lambda_m=\frac{b}{T}=\frac{2.898\times10^{-3}}{310}\ m=9.35\times10^{-6}\ m$$

15-3 若一个物体的温度增加一倍，则其总辐射能增加多少？

答：根据斯特藩-玻耳兹曼定律 $M=\sigma T^4$ 可知，总辐射能与温度四次方成正比，所以若温度提高一倍，则辐射能增加为 $2^4=16$ 倍.

15-4　所有物体都能发射电磁辐射,为什么用肉眼看不见黑暗中的物体呢？用什么样的设备可探测到黑暗中的物体呢？

答：把物体视为黑体,根据辐射规律,单色辐出度最大的光的波长反比于温度,若单色辐出度最大的光为可见光(波长 390~760 nm),则可估算出物体的温度在 6 000 K 左右,而黑暗中的物体一般不可能有这样的温度.而且,黑暗中的物体一般以红外光的波长为单色辐出度最大波长,这超出了人眼的感觉范围,因此人看不见.这就是黑暗中肉眼看不见物体的原因.用红外探测仪可以发现黑暗中的物体.

15-5　太阳表面发射的光可近似看作温度为 6 000 K 的黑体的电磁辐射.那么,红色脉冲星表面的温度是高于 6 000 K,还是低于 6 000 K 呢？请说明之.

答：红光波长约为 760 nm,根据维恩定律,这对应于

$$T=\frac{b}{\lambda_{\mathrm{m}}}=\frac{2.898\times10^{-3}}{760\times10^{-9}}\ \mathrm{K}=3.81\times10^{3}\ \mathrm{K}$$

低于太阳表面 6 000 K 的温度.

15-6　你能否举一些日常生活中所见到的例子,来说明物体热辐射的各种波长中,单色辐射强度最大的波长随温度的升高而减小？

答：铁被加热后,开始呈暗红色,波长较大.随着温度的升高,铁开始变得越来越明亮,呈蓝色,即波长变短.

15-7　普朗克提出了能量量子化的概念,那么,在经典物理学范畴内,有没有量子化的物理量？你能举出几个来吗？

答：电荷的电荷量是元电荷 e 的整数倍,$e=1.6\times10^{-19}$ C;两端固定的弦上形成驻波时,驻波的频率.

15-8　什么是爱因斯坦光量子假说,光子的能量和动量与什么因素有关？

答：爱因斯坦在解决光电效应的问题中,认为光可以看成由微粒构成的粒子流,这些粒子称为光量子;对于频率为 ν 的光束,光子能量为 $\varepsilon=h\nu$,与频率有关;动量为 $p=\dfrac{h}{\lambda}$,与波长有关;其光束能量为 $Nh\nu$(N 为光束中包含的光子数).

15-9　有人说:"光的强度越大,光子的能量就越大."对吗？

答：光的强度与两个因素有关,一个是光子的能量,另一个是光子的数量,而光子的能量仅由光的频率决定,即 $\varepsilon=h\nu$,与光粒子数无关.在光子能量(光子频率)一定的情况下,只要光子数足够多,光强依然可以很大,此时光子的能量不一定很大.所以,这句话不一定正确,要看在什么条件下.

15-10　为什么把光电效应实验中存在截止频率这一事实,作为光的量子性的有力佐证？

答：电子只能吸收超过逸出功的能量才能从金属中逃逸出来.对特定的金属而言,光的频率达到或超过某一频率才会有电子逸出,这个频率称为截止频率.光的量子化意味着金属中的电子是对光束中的一个个光子的吸收,而光子的能量仅取决于频率,与光强无关.当电子吸收一个小于截止频率的光子后,由于吸收的概率性特点,要再吸收第二个或第三个光子的间隔时间会远大于原子的弛豫时间,这样电子就会通过热运动的形式将吸收的能量很快转移给整个原子及晶格,从而不可能通过时间的积累获得足够高的能量.若吸收到一个大于或等于截止频率的光子,则电子就会立即逸出.相反,假如将光看成是连续的经典波,则电子是对光束能量的吸收,此时的光束能量是与光强有关的,吸收也将是连续的,无概率性特征,那么只要光强足够大或照射时间足够长,就一定有电子逸出.故截止频率的存在有力地支持了光量子理论.

15-11　什么是康普顿效应?

答：1920 年,康普顿在做 X 射线的散射实验时,发现在散射 X 射线中除有与入射波长相同的射线外,还有波长比入射波长更长的射线,这种现象就叫康普顿效应.康普顿效应是光的粒子学说的有力证明.

15-12　光电效应和康普顿效应都是光子与电子间的相互作用,你是怎样区别这两个效应的?

答：光电效应是光子与金属表层中束缚电子碰撞的结果,碰撞后光子能量被电子全部吸收,若光子能量高于或等于逸出功,电子就会逸出金属表面,形成光电效应.在康普顿效应中,光子(能量 $h\nu_0$)与原子中被束缚较弱的电子(近似自由、静止)碰撞的结果(类似于弹性碰撞),碰撞后,电子获得能量,光子有能量损失($h\nu_0-h\nu$),此时频率减小($\nu<\nu_0$),因而散射波中会出现波长较长的成分.对受束缚较强的原子内层电子,碰撞可看成光子与整个原子碰撞,光子碰后其能量不会显著减少,因而散射波波长同入射波波长一样.

15-13　你从哪些方面认识到,光子与经典力学定律是不相容的?

答：从能量上说,具有频率 ν 的光子的能量是 $h\nu$,光的总能量只能取 $h\nu$ 的整数倍,而在经典力学中能量则可以取任意连续值.从波动性来说,光子具有干涉、衍射和偏振特性,而经典粒子则没有显著的波动性.

15-14　为什么用可见光不能观察到康普顿效应?

答：由于可见光波长较长,光子能量低,光子与电子碰撞后,根据碰撞理论,光子能量损失很小,因而很难观察到康普顿效应.以红光为例,$\lambda=6.5\times10^{-7}$ m,而 $\Delta\lambda/\lambda\approx2.43\times10^{-12}/6.5\times10^{-7}=3.74\times10^{-6}$,波长变化极小.而 X 射线 $\lambda\approx10^{-10}$ m,则 $\Delta\lambda/\lambda\approx2.43\times10^{-2}$,波长变化明显,康普顿效应显著.此外,可见光的光子能量较低,原子中相对能看作自由电子的数目减小,客观上造成康普顿散射的概率也会减小,这也是可见光不易观察到康普顿效应的原因之一.

15-15　为什么在康普顿效应中,散射 X 射线波长的偏移 $\Delta\lambda$ 与散射物质无关?

答:康普顿散射效应是光子与散射物质中电子发生弹性碰撞的结果.波长有明显改变的是光子与原子核外层受束缚较弱的电子(近自由)碰撞导致,而光子与原子内层束缚很紧的电子发生碰撞后散射光波长并不明显改变.对于近自由电子而言,它几乎不带有散射物质性质,所以偏移量 $\Delta\lambda$ 也就不含物质信息.

15-16　当散射角为 $\theta=90°$时,观测到康普顿散射 X 射线的波长为 λ'.那么,如以 λ'来表示,在 $\theta=180°$时,散射 X 射线的波长应为多少?

答:$\theta=90°$时,$\lambda'-\lambda_0=\dfrac{2h}{m_0c}\sin^2\dfrac{90°}{2}=\dfrac{h}{m_0c}$.

$\theta=180°$时,$\lambda-\lambda_0=\dfrac{2h}{m_0c}\sin^2\dfrac{180°}{2}=\dfrac{2h}{m_0c}$,则 $\lambda-\lambda'=\dfrac{h}{m_0c}$.所以,$\lambda=\lambda'+\dfrac{h}{m_0c}$.

15-17　在你所学的知识范围内,确定普朗克常量可有哪几种方法?试述之.

答:(1) 由光电效应

$$h=\frac{1}{\nu}\left(\frac{1}{2}mv^2+W\right)$$

(2) 由康普顿效应

$$h=\frac{m_0c}{2\sin^2\dfrac{\theta}{2}}(\lambda-\lambda_0)$$

(3) 由氢原子的玻尔理论

$$h=\frac{2\pi}{n}L=\frac{2\pi}{n}mvr$$

式中,$L=mvr$ 为电子的轨道角动量,n 称为量子数,取正整数.或 $h=\dfrac{1}{\nu}(E_i-E_f)$.

15-18　当光照射在可移动的镜面上时,光可从镜面上反射.实验发现,此时光对镜面产生压力,这就是光压.试用光子假说来说明产生光压的原因.

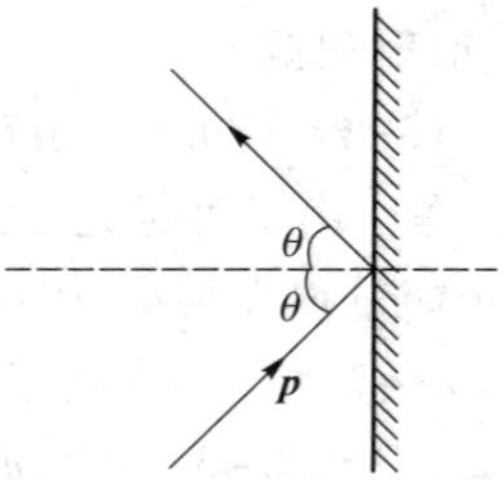

问题 15-18 图

答:如问题 15-18 图所示,设光子以 θ 角入射镜面,光子动量大小为 $p=\dfrac{h}{\lambda}$,则在水平方向由动量定理

可得 $2p\cos\theta=\overline{F}\Delta t$，即 $\overline{F}=\dfrac{2p\cos\theta}{\Delta t}=\dfrac{2h\cos\theta}{\lambda\Delta t}$，当大量光子射向镜面，在宏观上就表现为一个压力，这就是光压.

15-19　什么是光的波粒二象性？

答：光的波粒二象性指的是光既具有粒子性又具有波动性，其中，粒子的特性有颗粒性和整体性，没有"轨道性"；波动的特性有叠加性，没有"分布性".一般来说，光在传播过程中波动性表现比较显著，当光和物质相互作用时粒子性表现显著.光的这种二重性，反映了光的本性.

15-20　卢瑟福是怎样从实验中得出原子中的正电荷被限制在小区域里的呢？

答：卢瑟福的 α 粒子散射实验表明，绝大多数 α 粒子穿透金箔后沿原方向运动，但在每 8 000 个粒子中约有一个 α 粒子偏转角度大于 90°，甚至接近 180°.而如果正电荷分布在整个原子范围内的话，最大偏向角只能达到 10^{-4} rad 数量级，因此这只能表明原子的质量集中于中心，且带正电荷.

15-21　从经典力学来看，卢瑟福的原子核型结构遇到了哪些困难？从经典力学来看氢原子光谱应是线光谱还是连续光谱？

答：卢瑟福的原子核型结构和经典电磁理论有深刻的矛盾.该结构认为电子在库仑力作用下绕原子核作匀速圆周运动.而根据经典电磁理论，加速运动的粒子会向外辐射电磁波，其频率等于电子绕核旋转的频率，使电子能量减少，电子将逐渐接近原子核，最后和核相遇.这样原子就不是一个稳定的系统，显然与一般情况下原子是稳定的这一事实不符.此外随着电子轨道半径不断减少，其绕核旋转的频率也逐渐改变，因而发射的光谱应是连续光谱，这也与原子光谱是有一定规律的线光谱的事实不符.

15-22　在氢原子的玻尔理论中，电子势能为负值，但其绝对值比动能大，它的含义是什么？

答：势能为负值，表明原子核与电子之间的作用力为吸引力，势能绝对值大于动能，则总能量为负值.这表明原子中电子受到原子核束缚，如要摆脱原子核的束缚，电子必须获得足够多的能量，使总能量大于零.

15-23　在氢原子发射的光谱中，最大的频率是多少？它属哪个光谱线系？

答：根据玻尔理论，光子的频率为 $\nu=\dfrac{me^4}{8\varepsilon_0^2h^3}\left(\dfrac{1}{n_f^2}-\dfrac{1}{n_i^2}\right)$，当 $n_f=1$，$n_i\to\infty$ 时得最高辐射频率，$\nu=3.28\times10^{15}$ Hz，属莱曼线系.

15-24　试比较与说明，氢原子的玻尔模型和行星绕太阳的轨道运动模型之间的相似处与区别.

答：相似之处是行星与电子都围绕着一个大的质量中心旋转.不同之处在于：

(1) 行星模型中的相互作用是万有引力，而玻尔原子核模型中的相互作用是库仑力；

(2) 行星轨道是椭圆，而玻尔氢原子轨道是圆；

(3) 行星可在太阳外任何半径处绕太阳旋转，而电子只能在特定的一些半径处运动才是稳定的.

(4) 行星可以在各种连续轨道之间发生连续的能量变化，而氢原子中的电子只有在特定的、稳定的轨道之间变化时，能量才有确定的、不连续的变化.

15-25　为什么在氢原子的玻尔理论中，忽略了原子内粒子间的万有引力作用？

答：氢原子中电子与核的万有引力为 $F_g = G\dfrac{m'm}{r^2}$，式中 $G = 6.67\times10^{-11}\ \mathrm{N\cdot m^2\cdot kg^{-2}}$为引力常量，$m' = 1.67\times10^{-27}$ kg 为质子质量，$m = 9.11\times10^{-31}$ kg 为电子质量，r 为轨道半径.而电子和质子的库仑力为 $F_e = k\dfrac{q_1q_2}{r^2}$，式中，$k = 8.99\times10^9\ \mathrm{N\cdot m^2\cdot C^{-2}}$，$q_1 = -q_2 = 1.6\times10^{-19}$ C，r 为轨道半径.当同取 r 为玻尔半径即$r = 5.3\times10^{-11}$ m 时，代入数据可得 $F_g \sim 10^{-40}F_e$，故相对于库仑力而言，万有引力是可忽略不计的.

15-26　如果一个粒子的速率增大了，它的德布罗意波长是增大还是减小呢？试解释之.

答：根据德布罗意假设，粒子波长与动量的关系为 $\lambda = h/p$，对非相对论情形，粒子动量 $p = m_0v$，故有 $\lambda = \dfrac{h}{m_0v}$，显然随速率 v 增大，波长变短.对相对论情形，粒子动量

$$p = \gamma m_0 v = \left(1-\frac{v^2}{c^2}\right)^{-\frac{1}{2}} m_0 v$$

故有

$$\lambda = \frac{h}{\gamma m_0 v} = \frac{h\left(1-\dfrac{v^2}{c^2}\right)^{\frac{1}{2}}}{m_0 v} = \frac{h\left(\dfrac{1}{v^2}-\dfrac{1}{c^2}\right)^{\frac{1}{2}}}{m_0}$$

同样当 v 增加时 λ 会减少，故粒子的波长随 v 的增加总是减少.

15-27　在我们的日常生活中，为什么觉察不到粒子的波动性和电磁辐射

的粒子性呢?

答: 日常生活中常见的宏观粒子一般质量较大,当它被视为波时,根据德布罗意关系 $\lambda=h/p$ 可知,其波长很短,从而不显出波动性.对一般常见的电磁辐射,如无线电波一般波长都较长,其对应的动量 $p=h/\lambda$ 则很小,故不显出其粒子性.

15-28 什么是不确定关系?为什么说不确定关系指出了经典力学的适用范围?

答: 微观粒子的位置和动量是不能同时精确确定的.在一维情况下,它们各自不确定范围满足如下关系 $\Delta x\Delta p_x \geqslant h$,这个关系式叫不确定关系.这是微观粒子波粒二象性的必然表现.对于宏观物体,波动性可以忽略,因而不确定关系失效,即宏观粒子的动量和位置是可以同时确定的.经典力学是描述宏观物体运动的规律,因此,我们可以以不确定关系失效的"界限"作为宏观经典力学的适用范围.

15-29 经典力学的确定论认为,如果已知粒子在某一时刻的位置和速度,那么就可以预言粒子未来的运动状态.从量子力学来看,这是否是可能的?请解释.

答: 首先,以量子力学的观点来看,粒子的行为受不确定关系的制约,即 $\Delta x\Delta p_x \geqslant h$,当粒子的位置被精确确定时它的动量将变得很不确定,反之亦然.所以,不能以位置和速度来确定状态.其次,量子力学中的状态是由含所谓"好量子数"的力学量在内的状态函数来描述的.这个状态函数可能是某一力学量的本征态,也可能不是.其状态的演化由初始条件和薛定谔方程决定,不是由某一力学量来定.最后,用概率来描述粒子的行为是量子力学的基本概念,一般只能通过状态函数给出未来行为(位置、力学量等)的概率描述,不易给出未来行为的确切结果.

15-30 从不确定关系能得出"微观粒子的运动状态是无法确定的"吗?

答: 这个说法是不对的.首先,从量子力学角度说,微观粒子的运动状态是由波函数决定的,只要通过求解薛定谔方程,解出波函数,状态也就确定了,无论是否为本征态,本征态只是某一物理量取定值而已.其次,不确定关系是表述两个共轭量(A,B)之间不能同时确定($[\hat{A},\hat{B}]\neq 0$),而在某一个确定的状态(波函数)中要想确定两个物理量(A,B)中的某一个都是可以的(按该物理量的本征态展开即可).只是要同时确定这两个量是不可以的.因此说,本题的说法是对"状态"和"不确定"概念理解错误所造成的.

15-31 如果电子与质子具有相同的动能,那么谁的德布罗意波长较短?

答：在非相对论情况下，粒子的动量 $p=\sqrt{2mE_{\mathrm{k}}}$，$E_{\mathrm{k}}$ 是粒子动能，则由 $\lambda=\dfrac{h}{p}=\dfrac{h}{\sqrt{2mE_{\mathrm{k}}}}$ 可知，在相同 E_{k} 的情况下，质量大的有较短的波长，故质子波长短.

15-32 为什么德布罗意公式 $\lambda=\dfrac{h}{p}$ 反映了微观粒子的波粒二象性？谁反映了波动性，谁反映了粒子性？通过本章的学习，你是怎样理解普朗克常量 h 开启了微观领域的量子世界之门的？

答：由于在经典物理范畴内，波长 λ 是表达波动在空间上的周期性的物理量，动量 p 是表征粒子运动的物理量，且波动与粒子互不相容.而德布罗意在微观领域中将这两个量在一个公式中表达出它们之间的联系，所以此公式反映了微观粒子具有波粒二象性.

此外，通过本章学习我们知道，普朗克常量 h 是一个值为 10^{-34} 数量级的小量，若“粒子”的动量 p 不是一个可以与 h 比拟的很小的量，则通过上述公式可知，“粒子”的波长 λ 就很小，以至于波动性体现不出来，这恰好就是宏观粒子的表现；反之，若“粒子”的波长 λ 不是能与 h 相比拟的很小的量，则“粒子”的动量 p 就很小，以至于粒子性体现不出来，这恰好就是宏观波动的表现.因此，判断是否具有微观粒子的波粒二象性是要以能否与 h 相比拟为依据，所以说 h 是开启微观领域大门的钥匙.

15-33 为什么我们称德布罗意波为概率波？概率密度与波函数有什么关系？

答：对电子衍射图样分析时，若用粒子观点来分析，电子密集的地方概率就大，电子稀疏的地方概率就小；若用波动观点分析则有，电子密集的地方表示波的强度大，电子稀疏的地方表示波动强度小.所以，某处附近电子出现的概率就反映了在该处德布罗意波的强度.推而广之，任意微观粒子的德布罗意波即为概率波.

概率密度就是波函数模的二次方.

15-34 试说明 $\int_{-\infty}^{+\infty}|\psi(x)|^2\mathrm{d}x=1$ 的物理意义.

答：一维情况下，波函数模的二次方 $|\psi(x)|^2$ 表示粒子在某处 x 附近单位长度内出现的概率，$|\psi(x)|^2\mathrm{d}x$ 则表示粒子在 x 处附近 $\mathrm{d}x$ 间隔内出现的概率，$\int_{-\infty}^{+\infty}|\psi(x)|^2\mathrm{d}x=1$ 表示在全空间$(-\infty,+\infty)$内找到粒子的概率为 1.

15-35 什么是定态薛定谔方程？为什么它称为“定态”，定态必须满足的条件是什么？本章中有哪些例子反映了这些条件？

答：不含时间参量的薛定谔方程称为定态薛定谔方程.之所以称为“定态”，是因为由定态薛定谔方程解出的波函数以及能量都是不随时间变化的量.这意味着由波函数决定的粒子概率及概率密度也不随时间变化.定态满足的条件是，粒子在其中运动的势场为不含时的场.

本章讨论的粒子在无限深势阱和电子在原子中的运动等情况都属于定态的实例.

15-36　波函数必须满足的标准条件是什么？

答：由 $|\psi|^2$ 的概率密度意义可知，波函数 ψ 的标准条件为

（1）波函数 $\psi(x,y,z)$ 应为单值；

（2）$\psi(x,y,z)$ 应连续；在势场没有突变处，$\frac{\partial\psi}{\partial x}$、$\frac{\partial\psi}{\partial y}$、$\frac{\partial\psi}{\partial z}$ 也应连续；

（3）$\int_{-\infty<x,y,z<+\infty}|\psi|^2\mathrm{d}x\mathrm{d}y\mathrm{d}z=1$，满足归一化条件.

15-37　设想一个粒子被限制在 $0<x<a$ 的范围内，其波函数 $\psi(x)$ 如问题15-37图所示.你知道粒子处于何处的概率最大吗？

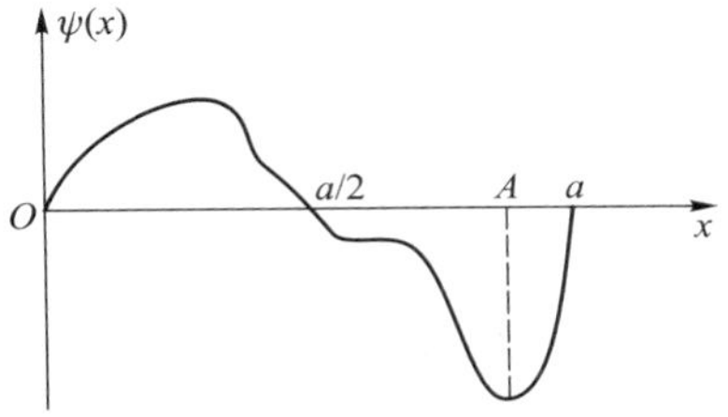

问题 15-37 图

答：$|\psi(x)|^2$ 表示在 x 处附近粒子出现的概率密度，因而 $|\psi(x)|$ 最大的地方也就是粒子出现概率最大的地方.显然图中 A 点附近处粒子出现的概率最大.

15-38　在一维无限深方势阱中，如减小势阱的宽度，其能级将如何变化？如增加势阱的宽度，其能级又将如何变化？

答：我们从三个方面看势阱变化对能级的影响.

（1）从公式看：$E_n=n^2\frac{h^2}{8ma^2}$，a 为势阱宽度.从上式可以看出，当 a 变小，每一能级（n 确定）都要变大；a 变大，每一能级下降.

（2）从驻波看：由于驻波要求阱宽必须是半波长的整数倍，即 $a=\frac{\lambda_n}{2}$，λ_n 是某一能级（n）所对应的波长.可以看出，当 a 变小，对于某一能级（n 一定），λ_n 要变小，则对应的动量$\left(p=\frac{h}{\lambda_n}\right)$变大.而势阱中只有动能，所以能量 $E=\frac{p^2}{2m}$ 也就变大；反之，则相反.

（3）从不确定关系看：因为 $\Delta x\Delta p\sim h$，而势阱中 $\Delta x\sim a$，$\Delta p\sim\frac{h}{a}$，所以，当 a 变

小,则 Δp 变大.因此,能量 $E=\dfrac{p^2}{2m}$ 也就变大;反之,亦相反.

15-39　比较一下玻尔氢原子基态图像和由薛定谔方程得出的氢原子基态图像,它们之间有哪些相似之处?有哪些不同之处?

答:先写出玻尔理论、薛定谔方程得出的能级和状态公式,以供比较.

玻尔理论(圆轨道)　$E_n=-\dfrac{1}{n^2}\left(\dfrac{me^4}{8\varepsilon_0^2h^2}\right)$,　$r_n=n^2\dfrac{\varepsilon_0h^2}{\pi me^2}=n^2r_1$

薛定谔方程　$E_n=-\dfrac{1}{n^2}\left(\dfrac{me^4}{8\varepsilon_0^2h^2}\right)$　$(n=n_r+l+1)$

$$\psi=\psi_{nlm}\quad\begin{pmatrix}l=0,1,\cdots,n-1\\ m=-l,\cdots,+l\end{pmatrix}$$

从能量(级)看,两者是一致的.但从状态上看差异较大.首先,前者(玻尔)是以轨道概念来描述状态的;其次,前者中的能级与状态之间不存在简并(一一对应),后者存在简并关系(一个能级对应若干状态),这意味着,若存在偏离库仑相互作用的因素存在,薛定谔能级将出现分裂(简并消除),而玻尔圆轨道无此类情况.

上述情况属于一般情况,若特指基态的话,由于 $n=1$,l 只能等于 0,m 也只能等于 0,所以薛定谔情形中也不存在简并(当然这是在不考虑电子自旋状态下而言的),那么二者趋于一致.

15-40　为什么使粒子数反转是获得激光的一个重要前提?

答:一般情况下,原子系统同时存在着受激辐射、吸收和自发辐射三个过程.正常情况下,处于低能级电子数比处于高能级电子数多,所以从整体看光吸收过程较受激辐射过程占优,因而难以产生连续受激辐射.由此可见,要使光通过物质后获得光放大,就必须使处在高能级上的电子数大于低能级电子数,即使粒子数反转,这是实现受激辐射的必要条件.当然,粒子数反转并不是相对于真正的基态实现的,而是相对于"亚稳态"实现这种反转的.

15-41　从能带观点来看,导体、半导体和绝缘体有些什么区别?

答:在导体中,价电子处于价带中一部分能级,价带中还有一部分能级空着,形成导带.由于同一能带中相邻能级之间的间隔非常小,故在外电场作用下,电子很容易从导带中较低的能级跃迁到较高的能级上,在导体中形成电流.

半导体中价带虽被电子占满,且有禁带,但禁带宽度很小,在外界的热激发或光激发情况下,价带中的电子较容易跃迁到空带上去,导致满带和导带中电子浓度分布都要发生变化，使半导体具有一定导电性.

绝缘体与半导体能级结构、电子分布类似，但禁带宽度很大.在不十分强的外场作用下，价带中电子难以跃迁到空带上去，所以通常情况下，不具有导电性.

15-42　当半导体形成 pn 结时，p 型中的空穴（或 n 型中的电子）为什么不能不受限制地迁移到 n 型（或 p 型）中去呢？

答：当 p 型与 n 型相接触时，有电子从 n 型扩散到 p 型中，同时也有空穴从 p 型扩散到 n 型中去，这样在 p 型和 n 型相接触的区域就出现了偶电层，在此区域中电场由 n 型指向 p 型，它将阻止空穴和电子的继续扩散，直至达到动态平衡为止.此时无论电子或空穴都需克服一定高度的势垒才能通过偶电层进入 p 型或 n 型半导体中去，这样就形成了所谓的限制.

15-43　定性说明一下 BCS 理论中的库珀对形成的机理.

答：BCS 理论认为，正是超导材料中的大量关联"电子对"——库珀对形成了整体效应，使得库珀对状态难以在电场作用下改变，才形成了无电阻状态.那么，一对电子如何形成库珀对呢？通常，一对电子之间因库仑作用而相互排斥，但在以带正电的晶格背景下的材料中，局部一个电子可能会使该空间的晶格畸变，使局部的正电中心发生跟随此电子运动的偏移，该局部正电荷中心又会吸引附近另外一个电子随其偏移，这种正电荷中心的偏移会随前一个电子的运动以波动形式传播，这样一来，另外一个电子就会随前一个电子"如影随形"，形式上就出现两个电子的"互作用"，形成所谓库珀对.一对对库珀对在晶格畸变的波场中集体运动，形成关联的整体效应，最终形成 BCS 理论基础.当然，这是非常定性的机理解释.实际上，要形成库珀对是要满足苛刻条件的，其中一个要求就是必须有极低温，在此就不深入解析了.

15-44　给你一套可以发射和接收电磁波的装置，你如何判断某一孤立物体是否是黑体？

答：先用接收装置对待测物进行辐射（电磁波）测量，得出辐射谱线，此时一定是连续谱；然后用发射装置发射一特定频率的电磁波，同时对待测物再进行辐射测量.对比前后两次测量的谱线，若完全相同，则待测物是黑体；若出现特征峰，则再一次发射另一频率的电磁波，若同样获得带有特征峰的辐射谱，且测出的峰值间距（频谱间距）恰好等于两次发射的频率差，则待测物不是黑体.

三、解题感悟

以问题 15-19 为例进行分析.

正是对光的波粒二象性的诠释,德布罗意才在此基础上提出了实物粒子也具有波粒二象性的假设,并验证了这个假设,从而为量子力学中波动理论的最终建立开辟了道路.由此可见光的波粒二象性的历史和科学价值是非常重要的!

第十六章

原子核与粒子物理简介

一、概念及规律

1. 原子核半径及核体积

$$R=r_0A^{1/3}$$

$$V=\frac{4}{3}\pi r_0^3A$$

式中，$r_0\approx(1.1\sim1.3)\times10^{-15}$ m.

2. 原子核自旋及核磁矩

$$P_I=\sqrt{I(I+1)}\frac{h}{2\pi}$$

$$\mu_I=g_I\frac{e}{2m_{\mathrm{p}}}P_I$$

式中，g_I 为原子核的“g 因子”与核结构有关.

3. 结合能及比结合能

$$E_{\mathrm{B}}=\Delta mc^2$$

$$\varepsilon=\frac{E_{\mathrm{B}}}{A}$$

比结合能是表征原子核中核子结合紧密程度的物理量.

4. 衰变常量 $\boldsymbol{\lambda}$、半衰期 $\boldsymbol{T}$ 及平均寿命 $\boldsymbol{\tau}$

$$\lambda=\frac{-\mathrm{d}N/\mathrm{d}t}{N}$$

$$T=\frac{\ln 2}{\lambda}$$

$$\tau=\frac{1}{\lambda}$$

5. 吸收剂量 D 及剂量当量 H

$$D=\frac{E}{m}$$

$$H=DQ$$

式中,E 为被照射体吸收的能量;m 为被照射体的质量;Q 为品质因数.

二、思考及解答

16-1 采用中子作为入射粒子来研究核反应有哪些优点?

答:首先,中子作为一种“活化剂”可以被注入原子核中,使原不够“活跃”的原子核发生核反应;其次,因中子不带电,在被作为入射粒子时,可以不受核的库仑势垒影响,容易被注入核中;最后,中子是比较稳定的粒子(平均寿命九百多秒)且易于获得,所以中子常被优先作为研究核反应的入射粒子.当然用中子作为入微粒子也有不易被加速的缺点.

16-2 若粒子以光速运动,当它的寿命为 10^{-23} s 时,该粒子的运动距离与典型的核半径比较是怎样的数量级?

答:经简单计算可知,距离 $s=c\tau\approx3\times10^{-15}$ m,这个数量级与原子核的典型值 $r_0\approx(1.1\sim1.3)\times10^{-15}$ m 同量级,这能说明什么吗?我们知道,粒子寿命表示粒子在这段时间内,由于某种相互作用而衰变为其他粒子.因此这个“距离”就大约表达了“力程”的概念,也就是说力程在原子核范围内.尽管我们并不知道这种衰变的作用力性质,但对照四种相互作用的力程数量级可以知道,必然是强相互作用或弱相互作用之一.这可能是本题的意义所在.

16-3 n 是否能衰变为 μ^+ 和 e^-?

答:不能.因为,在核反应或核衰变中,除了反应或衰变前后要满足传统的守恒定律,比如能量守恒、电荷守恒、动量守恒等之外,在粒子衰变中还要满足其他一些守恒定律,比如重子数守恒、轻子数守恒、宇称守恒等.本题中中子 n 是重子,μ^+、e^-为轻子,则若 n 衰变为 μ^+ 和 e^-,其过程前后重子数不守恒,所以此过程不能发生.中子的典型衰变方式为

$$n\rightarrow p+e^-+\bar{\nu}_e$$

16-4 粒子通过什么途径才能被“看到”?

答:本题可参考主教材 16-2 节的“粒子的观察”.粒子虽小,但可以通过仪器,比如电离室、光闪器、显径仪等观察“看到”粒子.

16-5 下列过程是否能发生?若能发生,是由什么相互作用引起的?

(1) $e^-\longrightarrow\nu_e+\gamma$; (2) $\mu^+\longrightarrow\pi^++\nu_\mu$; (3) $\mu^-\longrightarrow e^-+\gamma$;

(4) $\Sigma^0 \longrightarrow \Lambda^0 + \gamma$;　　(5) $\Sigma^+ \longrightarrow p + \gamma$;　　(6) $\Xi^- \longrightarrow \Lambda^0 + \pi^-$;

(7) $\pi^- + p \longrightarrow \Sigma^+ + K^-$;　　(8) $K^- + p \longrightarrow \Lambda^0 + K^0$

答:由是否违反“守恒律”角度判断如下:

(1) 不能发生.电荷不守恒.

(2) 不能发生.轻子数不守恒.

(3) 不能发生.μ 子的轻子数不守恒.

(4) 可以发生.弱相互作用.

(5) 可以发生.同时参与弱相互作用和电磁相互作用.

(6) 可以发生.弱相互作用.

(7) 可以发生.同时参与强相互作用和电磁相互作用.

(8) 可以发生.

16-6　四种基本相互作用中哪一种将对下面每一个粒子产生力的影响?

(1) 中子;(2) π 介子;(3) 电子;(4) 中微子.

答:根据粒子分类可知,弱相互作用对题设中的四个粒子都会产生力的影响.

三、解题感悟

以 16-3、16-5、16-6 为例进行分析.

核反应、核衰变是一种概率性发生事件,它不仅与自身所处状态有关,还与“外界”诱导有关,同时也与发生变化的相互作用有关.在核反应与核衰变过程中,除了要注意传统守恒定律对过程的制约,还要注意一些内在守恒律和相互作用的限制.

读者意见反馈

为收集对教材的意见建议，进一步完善教材编写并做好服务工作，读者可将对本教材的意见建议通过如下渠道反馈至我社。

咨询电话 400-810-0598

反馈邮箱 hepsci@pub.hep.cn

通信地址 北京市朝阳区惠新东街4号富盛大厦1座

高等教育出版社理科事业部

邮政编码 100029